85

REIHE AUTOMATISIERUNGSTECHNIK

Herausgegeben von B. Wagner und G. Schwarze

Elektronenstrahl-Oszillografie in der Automatisierungstechnik

Rudi Kautsch

Springer Fachmedien Wiesbaden GmbH

ISBN 978-3-322-98104-2 ISBN 978-3-322-98757-0 (eBook)
DOI 10.1007/978-3-322-98757-0

Lektor: ***Jürgen Reichenbach***

Bestellnummer: 9/3/4216 ES 20 K 2 DK 621.317.75

Ursprünglich erschienen bei VEB Velag Technik, Berlin 1969.

Einbandgestaltung: ***Kurt Beckert***

Vorwort

Vor Jahren war bei der Fehlersuche in elektrischen Geräten und Anlagen noch die sog. „Probierlampe“ das unerläßliche Prüfmittel. Besonders in der Starkstromtechnik lassen sich mit ihr auch heute noch viele Kontrollen durchführen. Da in der Informationselektrik die Variation von Spannung und Strom größer ist, mußte man schon früher zur Instrumentenanzeige übergehen. Heute wird das Vielfachinstrument sowohl in der Schwachstromtechnik als auch in der Starkstromtechnik für viele Messungen und Prüfungen eingesetzt. Ungeeignet ist das Vielfachinstrument bei hochohmigen Meßkreisen und sehr kleinen Meßwerten sowie bei den von der Sinusform abweichenden Wechsel- und Impulsgrößen. Als das für Impuls-, Kurvenform-, Frequenz-, Zeit- und Phasenwinkelmessungen auf allen Gebieten der Naturwissenschaft, Medizin und Technik am besten geeignete Meß-, Prüf- und Kontrollgerät hat sich der Elektronenstrahl-Oszillograf (EO) bewährt. Das gilt sowohl für kurzzeitige und periodische als auch für langsam und einmalig ablaufende Vorgänge. Da Oszillograf Schwingungsschreiber bedeutet und der Einsatz des EO vorwiegend als Sichtgerät erfolgt, ist auch die Bezeichnung „Oszilloskop“ gebräuchlich. Der EO ersetzt auf Grund seines hochohmigen Meßeinganges und seiner Meßverstärker ein Röhrenvoltmeter, d. h., er eignet sich sowohl zur Messung an hochohmigen Meßobjekten als auch zur Anzeige kleiner Meßwerte. Als Signalverfolger in impulsverarbeitenden Geräten und Anlagen ist ihm kein anderes Meß- oder Registriergerät gleichwertig. Besondere Bedeutung hat er deshalb in der Automatisierungstechnik erlangt. Das unter Beweis zu stellen, soll mit die Aufgabe dieses Bandes sein. Der Verfasser kann hierbei zu einem Teil auf eigene Entwicklungen, Projektierungen und Veröffentlichungen verweisen.

Allen Betrieben und Instituten, die Bild- und Informationsmaterial zur Verfügung stellten, besonders Herrn *G. Suhr* vom Institut für Film und Bild, München, sei hiermit gedankt. Besonderen Dank schulde ich Herrn Dipl.-Ing. *B. Wagner* für wertvolle Hinweise und Anregungen bei der Durchsicht des Manuskriptes sowie Herrn Dipl.-Ing. *J. Reichenbach* vom VEB Verlag Technik Berlin.

Rudi Kautsch

Inhaltsverzeichnis

1. **Einführung** 8

2. **Grundlagen** 9

2.1. Oszillografenröhre 9
2.2. Strahlablenkung 11
2.3. Strahlmodulation 14
2.4. Strahlnachbeschleunigung 15
2.5. Bildnachleuchtung 16
2.6. Bildspeicherung 16
2.7. Zeitbasis, Zeitdehnung, Triggerung 17

3. **Aufbau** 21
3.1. Netzteil (Stromversorgungsteil) 21
3.2. Nachbeschleunigungsumformer 22
3.3. Meßverstärker 23
3.4. Zeitablenkgerät (Kippspannungsoszillator) 25
3.5. Sonstige Bau- und Funktionsgruppen 28

4. **Oszillografentypen** 29
4.1. NF-Oszillograf 29
4.2. HF- und Impulsoszillograf 30
4.3. Mehrstrahloszillograf 31
4.4. Speicheroszillograf 33
4.5. Serviceoszillograf 34
4.6. Spezialausführungen 35

5. **Zusatzgeräte** 38
5.1. Elektronischer Schalter 38
5.2. Zeitmarkengenerator 39
5.3. Rechteckwellengenerator 40
5.4. Doppelimpulsgenerator 40
5.5. Verzögerungsgenerator 40
5.6. Meßmarkengeber 41
5.7. Spezialverstärker 42
5.8. Frequenzmodulierter Sender 42
5.9. Foto- und Projektionseinrichtungen 44

6. Grundmessungen 45
6.1. Lissajousche Figuren 45
6.2. Bildschirmeichung 47
6.3. Spannung 48
6.4. Strom 48
6.5. Widerstand, Induktivität, Kapazität 49
6.6. Frequenz, Zeit, Phasenwinkel 50
6.7. Kurvenform 51
6.8. Leistung 53
6.9. Impulsuntersuchung 54

7. Prüfen und Messen in der Automatisierungstechnik 58
7.1. Übersicht 58
7.2. Kennlinienaufnahme 60
7.3. Prüfen von Bauelementen 61
7.4. Prüfen von Baugruppen und Geräten 62
7.5. Prüfen von Werkstoffen 65
7.6. Aufnahme von Schaltvorgängen 67
7.7. Aufnahme von Übergangs- und Gewichtsfunktionen 69
7.8. Aufnahme von Frequenzkennlinien und Ortskurven 71
7.9. Messung mechanischer Größen 76
7.10. Messung akustischer Größen 81
7.11. Messung lichtelektrischer Größen 83
7.12. Einsatz in der Rechenelektronik 84
7.13. Signalverfolgung und Fehlersuche 85

8. Schlußbetrachtung und Entwicklungstendenzen 87

Literaturverzeichnis 89

Sachwörterverzeichnis 91

Verwendete Formelzeichen

A	Amplitude, Schirmauslenkung
a	Abstand, Diagrammaß
B	magnetische Induktion
b	Beschleunigung, Diagrammaß
C	Kapazität
d	Durchmesser
E	Ablenkempfindlichkeit, Einheitssprung, Elastizitätsmodul
e	Basis d. nat. Logarithmus, Elementarladung
F	Flimmerfaktor, Frequenzgang, Impulsfläche, Kraft
f	Frequenz
G	Gleichmäßigkeitszahl
g	Gewichtsfunktion
H	magnetische Feldstärke
h	Übergangsfunktion
I	Strom
i	Strommomentanwert
j	imaginäre Einheit
K	Klirrfaktor, Konstante
k	Konstante
L	Länge, Selbstinduktionskoeffizient
l	Länge
m	Masse
p	Faktor, Parameter d. Laplace-Transformation
R	ohmscher Widerstand
T	Zeiten (konst. Intervalle)
t	laufende Zeit
U	Spannung
u	Spannungsmomentanwert

V	**Verstärkungsfaktor**
v	**Geschwindigkeit**
w	**Windungszahl**
y	**Bahnverschiebung**
Z	**Betrag des Wellen- bzw. Kennwiderstandes**
$\mathfrak{E}$	**elektrischer Feldvektor**
$\mathfrak{H}$	**magnetischer Feldvektor**
$\mathfrak{V}$	**frequenzabhängige Verstärkung**
α	**Ablenkwinkel**
Δ	**Größenänderung**
ε	**Dehnung**
π	**3,1415...**
ϱ	**Dichte**
σ	**mechanische Spannung**
τ	**Zeitkonstante**
Φ	**Lichtstrom**
φ	**Phasenwinkel**
ω	**Kreisfrequenz ($\omega = 2\pi f$)**

1. Einführung

Im Jahre 1897 wurde von *Ferdinand Braun* die nach ihm benannte Elektronenstrahlröhre erfunden. *Braun* bezeichnete sein Versuchsmodell als „Verfahren zur Demonstration zeitlich variabler Ströme". Die Röhre bestand aus einem Glaszylinder, der sich nach vorn konisch erweiterte und in einem Schirm mit kristallinem Innenbelag endete. In der evakuierten Röhre befanden sich zwei Elektroden: ein kleines Metallplättchen, die Katode, und ein kleines Metallröhrchen, die Anode. Wurde an die Anode der Plus- und an die Katode der Minuspol einer Hochspannungsquelle gelegt, so bewegten sich die Elektronen mit großer Geschwindigkeit von der Katode zur Anode. Ein Teil der Elektronen flog durch die zylindrische Bohrung der Anode hindurch und traf als divergierender Strahl auf die kristalline Schirmschicht. Dabei verwandelte sich ihre kinetische Energie in Licht, so daß ein Leuchtfleck entstand. Dieser konnte durch äußere, zwischen Anode und Röhrenschirm wirkende Magnetfelder abgelenkt werden. Durch zwei senkrecht zueinander angeordnete Elektromagnete war es möglich, Zeitfunktionen und beliebige Veränderliche abzubilden. Die magnetische Strahlablenkung hat sich bei der Fernsehbildröhre als zweckmäßig erwiesen. Die Braunsche Röhre wurde später mit geheizter Katode sowie mit zusätzlichen Elektroden für die Strahlbündelung ausgerüstet. Außerdem ging man in der Elektronenstrahl-Oszillografie von der elektromagnetischen zur elektrostatischen Strahlablenkung über. Brauns Grundprinzip blieb jedoch erhalten. Auch der moderne EO dient vorzugsweise der Sichtbarmachung von Zeitfunktionen. Doch ist er auch zur Darstellung von Veränderlichen mit beliebigen Koordinaten, z. B. $y = f(x)$ bzw. $x = f(y)$ und Polarkoordinaten $r = f(\varphi)$ geeignet.

Der EO wird auch als Katodenstrahl-Oszillograf oder Oszilloskop bezeichnet. Außerdem haben sich spezielle Typenbezeichnungen, wie NF-Oszilloskop, Duoskop und Picoskop eingeführt. Der EO konnte sich in alle Gebiete der Naturwissenschaft und Technik sowie in der Medizin und Verkehrsüberwachung einführen. Seine Vorzüge werden sowohl in Lehre und Forschung als auch in Produktion, Ökonomie und Statistik genutzt. Im Vergleich zu anderen Registriergeräten, z. B. gegenüber dem Lichtstrahl- oder Flüssigkeitsstrahl-Oszillograf und den verschiedenen Direktschreibern, hat der EO den Vorteil des geringeren mechanischen Aufwandes, des viel günstigeren Zeitverhaltens, der praktisch leistungslosen Strahlablenkung und der größeren Universalität. Außerdem ist er billiger. Wie in anderen Spezialgebieten, so haben sich auch in der EO-Technik Begriffe und Benennungen eingebürgert, die sich nicht immer exakt definieren lassen. Da sie jedoch in allen Standardwerken zu finden sind, werden sie auch hier gebraucht.

Beim Einsatz von BMSR-Einrichtungen wird der Frage nach Zuverlässigkeit immer größere Beachtung geschenkt. Man ist eher bereit, Zugeständnisse an den Preis als an die wahrscheinliche Lebensdauer oder die Konstanz der kennzeichnenden Daten zu machen. Die Zuverlässigkeit erhielt in den letzten Jahren immer mehr den Rang einer objektiven und mathematisierten Größe. Auch für den EO und seinen Einsatz in der Automatisierungstechnik wurde die Frage nach Zuverlässigkeit gestellt. Die Erfahrung lehrte, daß Geräte mit großem elektronischen Aufwand und als Einheitsgeräte gebaut (d. h. nicht in Einschubtechnik), für den Einsatz in der Produktion ungeeignet sind, weil ihre Ausfallwahrscheinlichkeit zu groß ist. Man setzt deshalb in der Fertigung vorwiegend einfache Geräte ein, zumal die Vorzüge komfortabler EO oftmals gar nicht genutzt werden können. Ihr Einsatz erfolgt vorzugsweise in der Labormeßtechnik. Es gibt jedoch Fälle, bei denen es einfach nicht lohnt oder aus Platz- oder Übersichtsgründen nicht möglich ist, einen EO als selbständiges Gerät einzusetzen und wo man deshalb der vorhandenen Meß- oder Kontrolleinrichtung einen festen EO-Satz zuordnet. Das gleiche gilt auch bei höchsten Zuverlässigkeitsanforderungen und geringen Meßansprüchen. Auch in solchen Fällen ist der Einsatz eines speziellen Gerätes mit — außer der Oszillografenröhre — nichtelektronischen Bauelementen gerechtfertigt [5].

2. Grundlagen

2.1. Oszillografenröhre

Die Oszillografenröhre ist eine spezielle Elektronenstrahlröhre. Sie ist Hauptteil eines jeden EO. Ihren Aufbau und ihre Prinzipschaltung zeigt

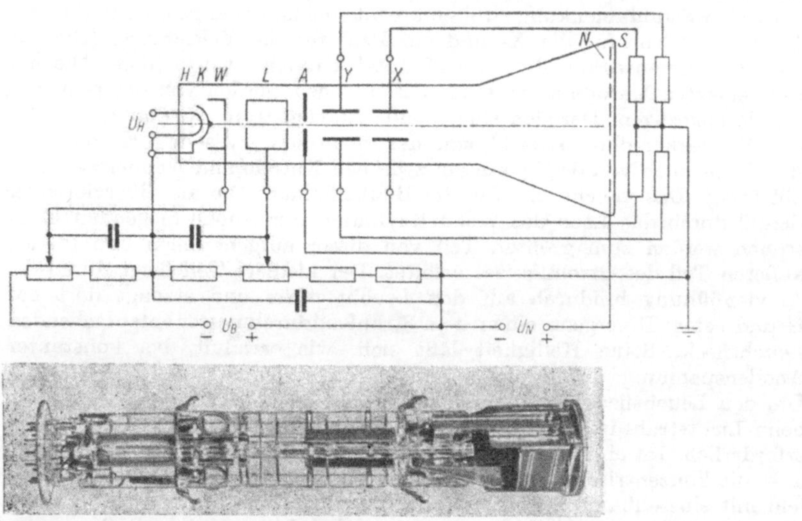

Bild 1. Aufbau und Prinzipschaltung einer Oszillografenröhre (Typ B 13 S 8; Werkfoto VEB Funkwerk Erfurt)

H Heizfaden; *K* Katode; *W* Wehneltzylinder; *L* Linse; *A* Anode; *Y* senkr. Ablenkplatten; *X* waager. Ablenkplatten; *N* Nachbeschleunigungsanode; *S* Bildschirm

Bild 1. Im Vergleich zu Brauns Versuchsmodell hat sie neben Katode und Anode noch weitere Elektroden. Die indirekt geheizte Katode ist so gestaltet, daß sich eine weitgehend punktförmige Emission ergibt. Sie wird direkt oder über einen Widerstand mit einem Ende der Heizwendel verbunden. Vor der Katode befindet sich ein Zylinder mit Boden und mit einem Loch für den Elektronenaustritt. Das Potential des nach seinem Erfinder benannten Wehneltzylinders ist gegenüber der Katode negativ. Es bestimmt, wie die Gittervorspannung bei der Verstärkerröhre, gemeinsam mit der Anodenspannung die Größe des Anodenstromes. Vor der Anode ist ein Zylinder mit mehreren Lochblenden angeordnet. Er dient der elektrischen Fokussierung des von Natur aus divergierenden Elektronenstrahls und hat damit Linsenwirkung. Sein Potential ist etwas niedriger als das der Anode. Die Anode kann als Lochscheibe oder Zylinder ausgebildet sein. Der Leuchtschirm dient der Bildaufzeichnung. Treffen z. B. auf Zinksulfid ($ZnSO_4$) Elektronen auf, so werden die getroffenen Kristalle zum Leuchten angeregt. Die Leuchtstärke und die dadurch mögliche Schreibgeschwindigkeit hängen von der wirksamen Anodenspannung ab. Die Leuchtfarbe wird durch das verwendete Material bestimmt. Gebräuchliche Leuchtfarben sind Grün, Blau, Gelb und Orange. Grün wirkt besonders günstig auf das Auge und Blau für die fotografische Aufnahme. Mit der Potentialeinstellung für den Wehneltzylinder wird die Bildhelligkeit und mit der für die Linse die Bildschärfe bestimmt. Neben Katode, Wehneltzylinder, Linse und Anode besitzen moderne Oszillografenröhren noch weitere Elektroden, die teils Anoden- bzw. Schirmgitter- und teils Linsenwirkung haben. Alle Elektroden sind gegenüber der Katode entkoppelt (Schaltung Bild 1). Zwischen Anode und Leuchtschirm befindet sich das Ablenksystem, das sind bei elektrostatischer Strahlablenkung zwei senkrecht zueinander angeordnete Platten-Paare, ein Paar für die X- und ein Paar für die Y-Richtung (Bild 2). Das Zusammenwirken der vier Hauptelektroden ist wie folgt: Die aus der geheizten Katode austretenden Elektronen werden von der positiven Anode angezogen. Der sich einstellende Anodenstrom ist, ähnlich wie bei der Verstärkerröhre, sowohl von der Spannung zwischen Katode und Anode als auch von der Spannung zwischen Katode und Wehneltzylinder, abhängig. Das gleiche gilt für die Bildhelligkeit. Die als divergierender Strahl durch das Loch des Wehneltzylinders zur Anode fliegenden Elektronen werden zum größten Teil von dieser aufgenommen und in den äußeren Teil des Stromkreises geleitet. Der kleinere Teil fliegt durch die Anodenöffnung hindurch auf den Leuchtschirm und erzeugt dort auf Grund seiner Divergenz einen dem Strahlenddurchmesser entsprechenden Leuchtfleck. Seine Helligkeit läßt sich, wie erwähnt, bei konstanter Anodenspannung durch die Spannung am Wehneltzylinder einstellen. Um den Leuchtfleck zu einem Leuchtpunkt zu konzentrieren, ist — wie beim Lichtstrahl in der Optik — eine Bündelung des Elektronenstrahls erforderlich. Im einfachsten Fall genügt für die Fokussierung eine Spule, d. h. die konzentrische Führung des Elektronenstrahls durch ein Magnetfeld mit einstellbarer Stärke. Bei der Oszillografenröhre wird die Fokussierung, wie bereits erwähnt, mit elektrischer Linse, d. h. mit Spannung und damit praktisch leistungslos durchgeführt. Damit arbeiten sowohl die Strahleinstellung als auch die Strahlablenkung auf elektrostatischer Grundlage.

Die Heizspannung liegt bei 4 oder 6,3 V ~ und die Anodenspannung bei 0,5 bis 2 kV. Alle weiteren Spannungen werden mittels Spannungsteilung gewonnen (Bild 1). Im Hinblick auf ein günstiges Bezugspotential für die Strahlablenkung wird die Röhrenkatode spannungsmäßig „hochgelegt" und die Anode auf Massenpotential gebracht. Durch eine zusätzliche Nachbeschleunigungsanode in Bildschirmnähe mit nochmals gegenüber der Anode erhöhtem Potential kann die Bildhelligkeit für fotografische Zwecke kurzzeitig erheblich gesteigert werden (Nachbeschleunigungsröhre). Weitere Spezifikationen gibt es hinsichtlich der Zahl der Strahlen und der Art der Ablenksysteme (Mehrstrahl-, Breitbandoszillografen-, Polarkoordinaten-, Radarbildröhren usw.) sowie in Bezug auf die Bildschirmgröße, die Schirmform (Kreis- oder Rechteckform) und das Schirmmaterial (Farbe, Nachleuchtung, Speicherung, Meßraster usw.).

2.2. Strahlablenkung

Bild 2 zeigt prinzipiell die Wirkung der elektrischen Strahlablenkung durch angelegte Gleich- und Wechselspannungen. In den Bildteilen *a* und *c* ist die Leuchtpunkt- bzw. -strichverschiebung durch Gleichspannung

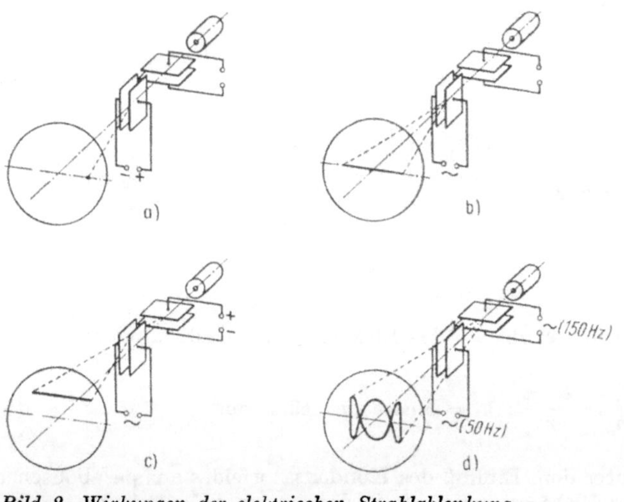

Bild 2. Wirkungen der elektrischen Strahlablenkung

a) Gleichspannung an Horizontalplatten
b) Wechselspannung an Horizontalplatten
c) Wechselspannung an Horizontalplatten und Gleichspannung an Vertikalplatten
d) Wechselspannung an Horizontal- und Vertikalplatten

zu erkennen und die Bildteile *b* und *c* zeigen, daß durch pulsierende Gleich- oder Wechselspannung aus dem Leuchtpunkt ein Leuchtstrich wird. Bildteil *d* zeigt außerdem noch, daß sich bei zwei Wechselspannungen ein geschlossener Kurvenzug ergibt. Haben die angelegten Wechselspannungen Sinusform und besteht ein Frequenzverhältnis von 1 : 3, so entsteht die angegebene charakteristische Figur. Mit den im Bild 3a angegebenen Größen ergeben sich für die Strahlablenkung folgende Gesetzmäßigkeiten:

Die Elektronengeschwindigkeit in der Röhre ist

$$v = 595 \sqrt{U_a} \text{ in km/s} \tag{1}$$

Beim Flug durch das elektrische Feld des Plattenkondensators ändert sich v. Die auf das einzelne Elektron ausgeübte Kraft ist

$$F = \mathrm{e}\mathfrak{E} = \mathrm{e}\,\frac{U_a}{\mathrm{a}},$$ wobei e die Ladung des Elektrons und a den Plattenabstand bedeuten (2)

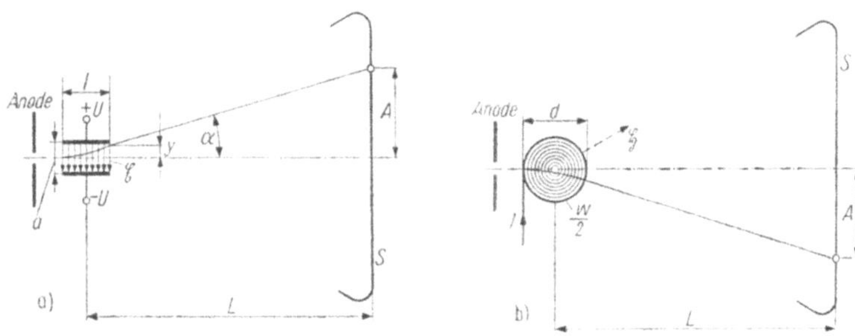

Bild 3. Strahlablenkung

a) elektrostatisch
b) elektromagnetisch

Das Kondensatorfeld $\mathfrak{E}$ übt auf das Elektron eine Beschleunigung

$$b = \frac{F}{m} = \frac{\mathrm{e} \cdot \mathfrak{E}}{m}\,; \quad m = \text{Masse des Elektrons} \tag{3}$$

aus. Das sich unter dem Einfluß des Kondensatorfeldes auf parabolischer Bahn bewegende Elektron hat nach Verlassen der Ablenkplatten gegenüber der Röhrenachse eine Bahnverschiebung

$$y = \frac{\mathrm{e} \cdot \mathfrak{E} \cdot \mathrm{l}^2}{2 \cdot m \cdot v^2} \tag{4}$$

erfahren und bewegt sich von da ab geradlinig fort. Der sich ergebende Ablenkwinkel ist

$$\alpha = \operatorname{arc}\ \tan \frac{\mathrm{e} \cdot \mathfrak{E} \cdot \mathrm{l}}{m \cdot v^2} \tag{5}$$

und damit die Schirmauslenkung

$$A = y + \tan \alpha \cdot L$$

$$A = \frac{e \cdot \mathfrak{E} \cdot l^2}{2 \cdot m \cdot v^2} + \frac{e \cdot \mathfrak{E} \cdot l \cdot L}{m \cdot v^2}$$

$$A = \frac{e \cdot \mathfrak{E} \cdot l}{m \cdot v^2}\left(\frac{l}{2} + L\right) \tag{6}$$

Da $e \cdot U_a = \frac{m}{2} v^2$ ist, ergibt sich

$$v^2 = \frac{2 \cdot e \cdot U_a}{m} \tag{7}$$

und dadurch $$A = \frac{U \cdot l}{2 \cdot U_a \cdot a}\left(\frac{l}{2} + L\right) \sim \frac{U \cdot l \cdot L}{2 \cdot U_a \cdot a} \tag{8}$$

Unter Ablenkempfindlichkeit wird das Verhältnis von Ablenkamplitude in mm oder cm zu angelegter Spannung in V verstanden, d. h. es gilt

$$E = \frac{A}{U}\left[\frac{V}{\text{cm}} \text{ oder } \frac{V}{\text{mm}}\right] \tag{9}$$

Da beide Plattenpaare unterschiedliche Entfernung L vom Leuchtschirm S haben, ist auch ihre Ablenkempfindlichkeit verschieden. Der größere Wert der anodennahen Platten ist günstig für die Vertikalablenkung wegen der in ihrer Amplitude begrenzten Meßspannung, während das kleinere Verhältnis $E_x = A_x / U_x$ der schirmnahen Platten für die zeitproportionale Horizontalablenkung durch die Leistungsfähigkeit des Kippgerätes ausgeglichen werden kann. Nach den Gln. (8) und (9) ist

$$E = \frac{l \cdot L}{2 \cdot a \cdot U_a} = \frac{k_1}{U_a} \tag{10}$$

Der Faktor k_1 läßt sich als absolute Ablenkempfindlichkeit oder Ablenkkonstante definieren. Gl. (10) besagt, daß die Ablenkempfindlichkeit einer Bildröhre mit größerer Anodenspannung umgekehrt proportional abnimmt.

Die elektromagnetische Strahlablenkung ist, wie bereits erwähnt, in der Elektronenstrahl-Oszillografie nicht üblich, da sie u. a. Leistungsverstärker bedingt und durch die beträchtliche Induktivität der Ablenkspulen die Meßspannung verzerren würde. Ihr Hauptanwendungsgebiet ist die Fernseh- und Radartechnik. Beide arbeiten mit großer Schirmaussteuerung und konstanter Ablenkfrequenz. Bei großer Amplitude und magnetischer Ablenkung ist jedoch die Leuchtfleckverzerrung geringer als bei elektrischer. Die beiden Ablenkspulenpaare werden bei magnetischer Strahlablenkung von außen an die Röhrenkolben gebracht, was den Gesamtaufbau der Röhre sehr vereinfacht und verbilligt. Analog zu Gl. (2) ist die das Elektron ablenkende Kraft

$$F = e \cdot v \cdot \mathfrak{H} \tag{11}$$

und die dadurch entstehende Beschleunigung

$$b = \frac{F}{m} = \frac{e \cdot v \cdot \mathfrak{H}}{m} \tag{12}$$

Die Strahlablenkung erfolgt, entsprechend Bild 3b, senkrecht zur Feldlinienrichtung (bei elektrostatischer Ablenkung in Richtung der Feldlinien) und genügt der Beziehung

$$A = \frac{L \cdot d \cdot e \cdot \mathfrak{H}}{m \cdot v}, \tag{13}$$

wobei d der Durchmesser des Spulenkraftfeldes ist. Die magnetische Feldstärke $\mathfrak{H} = I \cdot w/l$ ist dem Spulenstrom I proportional, so daß sich für die Ablenkempfindlichkeit, analog zu Gl. (9),

$$E = \frac{A}{I} \tag{14}$$

ergibt. Da sich die Elektronengeschwindigkeit v in Gl. (13) mit der Wurzel von U_a ändert, gilt weiterhin

$$E = \frac{k_2}{\sqrt{U_a}}, \tag{15}$$

wobei die Ablenkkonstante k_2 die konstanten Größen der Röhre und Ablenkspulen enthält.
Da magnetische Feldlinien den Elektronenstrahl ablenken, müssen die Streufelder von Drosseln und Transformatoren entweder durch Abschirmung von der Röhre ganz oder durch zweckmäßigen Geräteaufbau von ihrem geometrischen Ablenkbereich (Raum zwischen Anode und Bildschirm) ferngehalten werden. Meistens wird die Röhre in einem Abschirmzylinder aus Mu-Metall untergebracht. Der Vorteil der elektromagnetischen gegenüber der elektrostatischen Strahlablenkung besteht im einfacheren Röhrenaufbau, im geringeren Verzeichnungsfehler und im geringeren Einfluß der Anodenspannung auf die Ablenkempfindlichkeit.

2.3. Strahlmodulation

Die Steuergitterwirkung des Wehneltzylinders ermöglicht es, den durch die Braunsche Röhre fließenden Strom in seiner Größe und damit den

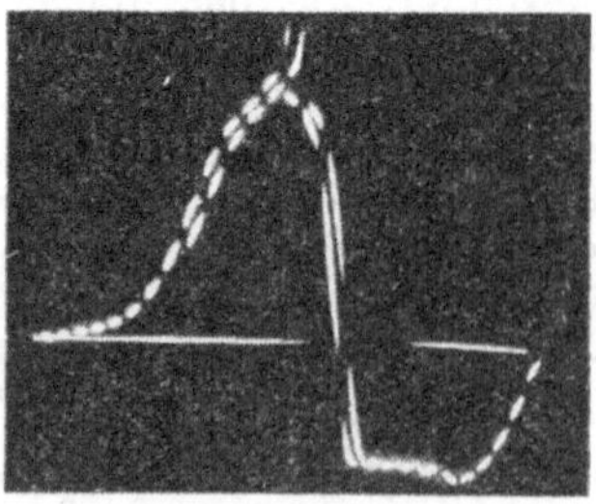

Bild 4. Elektromechanischer Schaltvorgang mit Zeitmarken

Leuchtpunkt in seiner Helligkeit zu beeinflussen und zu modulieren (Z-Modulation). Bei einer bestimmten negativen Spannung des Wehneltzylinders gegenüber der Katode ist die Röhre gesperrt, d. h., es fließt durch sie kein Strom mehr und die Leuchtwirkung auf dem Schirm verschwindet. Andererseits kann durch Minderung des negativen Potentials die Helligkeit gesteigert werden. Dies kann kontinuierlich und stetig erfolgen, wie z. B. bei der Zeilenschrift des Fernsehbildes. Die Hell- oder Dunkelwirkung kann aber auch diskontinuierlich mit Hilfe eines z. B. kurzzeitigen Impulses erreicht werden. Wird eine periodische Impulsfolge am Wehneltzylinder wirksam, so stellt sich auch eine periodische Helligkeitsmodulation ein. Diese kann, je nach Impulspolarität und Gesamtpotential, hell oder dunkel steuern. In der Oszillografenmeßtechnik wird die Hell-Dunkel-Steuerung vorwiegend zur Zeitmessung benutzt. Bild 4 zeigt die Abtastung eines oszillografierten Schaltvorganges mit Dunkelmarken zum Zwecke der Zeitmessung. Der Zeitmarkenabstand beträgt 5 ms.

2.4. Strahlnachbeschleunigung

Wie bereits erwähnt, kann durch hohe Anodenspannung und großen Anodenstrom eine große Bildhelligkeit erzielt werden. Da sich durch zu großen U_a-Wert die Ablenkempfindlichkeit sehr verringert und durch zu großen I_a-Wert der Leuchtfleck sehr vergrößert, setzt man zur Erreichung einer kurzzeitigen Helligkeitssteigerung für fotografische und Projektionszwecke zwischen Hauptanode und Bildschirm eine zusätzliche Nachbeschleunigungsspannung an. Die Strahlnachbeschleunigung nach der Strahlablenkung ist günstig, weil bei einer 20- bis 25fachen Helligkeitssteigerung nur eine mäßige Verringerung (20 bis 25%) der Ablenkempfindlichkeit erreicht wird.

Die dafür vorgesehenen Oszillografenröhren haben in Bildschirmnähe eine Nachbeschleunigungsanode, und im EO selbst ist ein sog. Nachbeschleunigungsformer eingebaut. Es handelt sich dabei um einen Hochspannungsgleichrichter von sehr geringer Leistung mit 4 bis 6 kV Ausgangsspannung. Der Minuspol wird mit der Hauptanode verbunden bzw. auf Massepotential gebracht und der Pluspol an die Nachbeschleunigungsanode gelegt.

Da bei zu großer Bildhelligkeit das Schirmmaterial leicht einbrennt, soll zur Schonung des Bildschirms die Strahlnachbeschleunigung möglichst nur kurzzeitig wirksam sein. Bild 5 zeigt das mit Nachbeschleunigung

Bild 5. Rechteckschwingung mit Strahlnachbeschleunigung

aufgenommene Oszillogramm einer Rechteckschwingung, die über einen Tiefpaß geleitet wurde. Seine Besonderheiten werden später noch erläutert. Vorerst ist zu erkennen, daß der Helligkeitskontrast sehr groß ist und bei zu kleinen Bilddimensionen leicht eine Disproportion zwischen Schreibstärke und Diagrammausdehnung auftreten kann.

2.5. Bildnachleuchtung

Unter Bildnachleuchtung versteht man die nach Beendigung eines Vorganges erst allmählich nachlassende Leuchtkraft eines Schirmbildes. Bei der Sichtbarmachung von periodischen Vorgängen bzw. von Schwingungen ist im allgemeinen keine Bildnachleuchtung erforderlich. Eine Ausnahme machen Schwingungen mit einer Frequenz von $f \ll 1$ Hz. Anders ist es bei einmaligen und periodisch ablaufenden Einzelvorgängen. Der Unterschied zwischen beiden besteht darin, daß periodisch ablaufende Einzelvorgänge nicht völlig gleich zu sein brauchen und auch ihre Zeitabstände variieren können. Sie lassen sich deshalb auch bei Synchronisierzwang nicht genau aufeinanderschreiben (s. Bild 4). Ein Beispiel hierfür ist die Darstellung des Herz- bzw. Pulsschlags im Elektrokardiogramm mittels Kardioskops. Hier hat es sich als günstig erwiesen, durch eine verlängerte bzw. in zwei Teilen geschriebene Zeitachse, die EKG-Impulse mehrmals neben- und übereinander zu schreiben und nachleuchten zu lassen. Dem Beobachter ist dadurch Gelegenheit gegeben, eine ganze Impulsfolge zu sehen und Verformungen leichter festzustellen. Grundsätzlich hat jeder Schirm und jedes Schirmmaterial eine bestimmte Nachleuchtdauer. Doch kann diese bei speziell blau leuchtenden Schirmen sehr kurz sein. Die Sichthelligkeit dieser Schirme kann schon nach 20 ms auf 1‰ des Anfangswertes abklingen, so daß solche Bildröhren als kurzleuchtend gelten. Grünleuchtende Schirme können dagegen Nachleuchtdauern von 6, 20, 50 und 80 s haben. Noch größere Nachleuchtzeiten rangieren unter Bildspeicherung.

2.6. Bildspeicherung

Die Abgrenzung zwischen Nachleuchten und Bildspeichern besteht außer in der möglichen Beobachtungsdauer im Röhrenaufbau. Solange ein einmaliger Vorgang nur zu beobachten oder visuell auszuwerten ist, genügt es, ihn durch eine nachleuchtende Oszillografenröhre zu speichern. Sollen z. B. bei dem erwähnten Kardioskop etwa sechs EKG-Impulse noch gleichzeitig sichtbar sein, so reicht eine Nachleuchtdauer von 5 bis 8 s. Geht es aber um die exakte Auswertung einmaliger Vorgänge, so ist eine Sichtspeicherröhre, z. B. die B 13 S 11 erforderlich. Diese Röhre hat einen Schreib- und einen getrennten Lesestrahl. Die Speicherung erfolgt durch die Aufladung eines hinter dem metallhinterlegten Planschirm angeordneten Speichergitters. Ihre Grenzfrequenz ist infolge direkt herausgeführter Plattenanschlüsse sehr hoch und ihre große Ablenkempfindlichkeit macht sie auch für transistorisierte Geräte geeignet. Die Speicherzeit liegt bei mehreren Tagen. Das Löschen kann durch Taste erfolgen. Die Löschzeit beträgt dabei etwa 1 s. Bei Impulslöschung ist die Löschzeit von etwa 1 s bis > 1 min einstellbar.
Die Speicherröhre B 13 S 11 hat, wie bereits erwähnt, zwei Strahlsysteme. Das Schreibstrahlsystem entspricht dem einer normalen Oszillografenröhre mit hoher Schreibgeschwindigkeit. Das für die Speicherung notwendige Lesestrahlsystem erzeugt eine parallelgerichtete Elektronenströmung geringer Geschwindigkeit, die die gesamte Schirmfläche gleichmäßig erfaßt. Ein dicht vor dem Schirm liegendes Speichergitter besteht aus einem feinmaschigen Metallnetz, das auf der dem Strahlerzeugungs-

system zugewendeten Seite mit einer hochisolierenden Schicht bedampft ist. Die Isolierschicht befindet sich normalerweise auf negativem Potential gegenüber der Lesestrahlkatode, so daß der Lesestrahl nicht zum Schirm gelangt und dieser dunkel bleibt. Trifft jedoch der hochbeschleunigte und in X- und/oder Y-Richtung abgelenkte Schreibstrahl auf das Speichergitter, so gelangen die beschriebenen Stellen infolge der Sekundäremission auf positives Potential bzw. auf das der Lesestrahlkatode und lassen den Lesestrahl passieren, während ihn die unbeschriebenen Stellen weiterhin sperren. Der somit auf dem Schirm abgebildete Vorgang bleibt auf Grund des Isolationsvermögens der Speicherschicht auch nach Beendigung des Schreibvorganges längere Zeit erhalten. Durch Tastung des Lesestrahlstromes kann die Lesezeit bei verminderter Schirmhelligkeit verringert werden. Bei Sperrung des Lesestrahlstromes werden die geschriebenen Kurvenzüge gespeichert, ohne jedoch auf dem Schirm sichtbar zu sein.

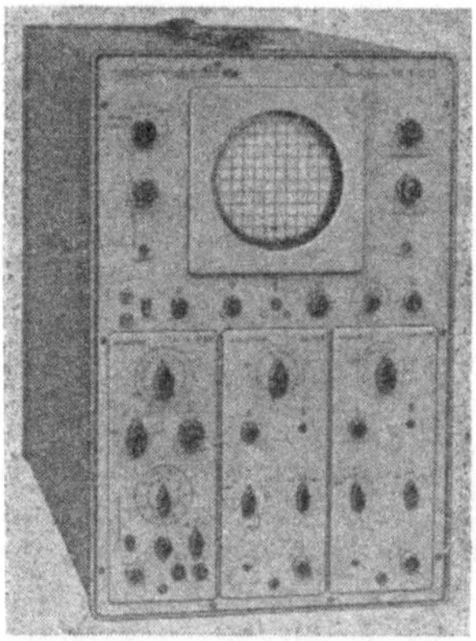

Bild 6. Speicheroszilloskop OG 2-21 (Werkfoto: VEB Meßelektronik Berlin)

Die Speicherzeit ist nur vom Isolationsvermögen der Speicherschicht abhängig und wesentlich länger als die Lesezeit. Erhält das Speichergitter einen einmaligen positiven Impuls von längerer Dauer oder eine periodische Folge sehr kurzer Impulse, so wird der geschriebene Kurvenzug gelöscht. Bei Impulslöschung ist durch Änderung der Folgefrequenz ein Übergang zur nachleuchtenden Oszillografenröhre mit einstellbarer Nachleuchtdauer möglich [17].

Bei dem Speicheroszilloskop nach Bild 6 kann die Löschung von Hand oder selbsttätig erfolgen. Die Einstellung kann so erfolgen, daß ein abgebildeter Vorgang bei Beginn des nächsten Vorganges gerade vom Bildschirm verschwindet. Durch einfaches Umschalten kann der Speicheroszillograf als Normaloszillograf arbeiten. Ein Gerät dieser Art ist vorzüglich zur Darstellung von Übergangsfunktionen geeignet.

2.7. Zeitbasis, Zeitdehnung, Triggerung

Die meisten mit dem EO darzustellenden Vorgänge sind Zeitfunktionen. Es ist deshalb erforderlich, eine Zeitachse mit einstellbarem linearen Maßstab abzubilden. In den Bildern 2b und 2c wird wohl eine „Zeitachse" geschrieben, die an die Horizontalplatten gelegte Sinusspannung bewirkt jedoch, daß sich ein Maßstab mit Sinusgesetz ergibt und daß das Achsenkreuz in Bildschirmmitte liegt. Um zu einem linearen Maßstab zu gelangen, muß mit linearem Spannungsanstieg $\left(\frac{du}{dt} = \text{konst.}\right)$ an den Horizontalplatten gearbeitet werden. Da das Koordinatensystem vom Beobachter aus meistens auf der linken Schirmseite seinen Nullpunkt haben soll, muß vorher, gemäß Bild 2a, der Leuchtpunkt durch eine Gleichspannung mit umgekehrter Polarität aus der Schirmmitte abgelenkt werden. Der konstanten und als „Seitenverschiebung" einstellbaren Gleichspannung wird dann eine sägezahnförmige Wechselspannung

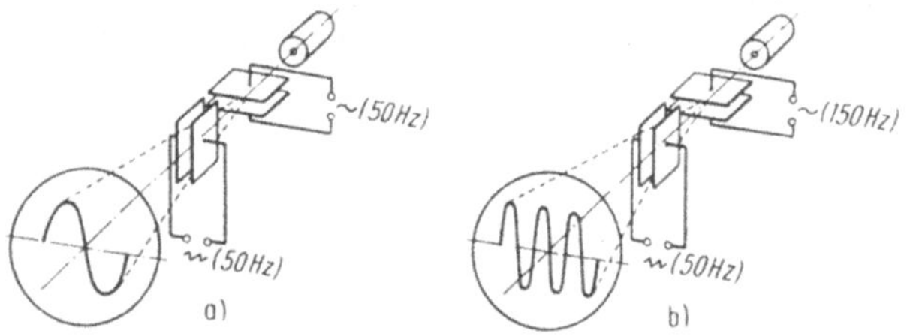

Bild 7. Zeitproportionale Strahlablenkung mit idealer Kippspannung

a) Frequenzverhältnis 1 : 1
b) Frequenzverhältnis 3 : 1

(Kippspannung) überlagert (Bilder 8a, 9a, und 10). Diese lenkt den Leuchtpunkt zeitproportional und in der Geschwindigkeit einstellbar von der linken auf die rechte Schirmseite und läßt ihn dann in sehr kurzer Zeit wieder zurücklaufen. Liegt gleichzeitig an den vertikalen Ablenkplatten eine sinusförmige Wechselspannung von z. B. 50 Hz, so entsteht bei einer Kippzeit $T_k = 20\text{ ms} \triangleq 50\text{ Hz}$ ein Kurvenzug nach Bild 7a. Wird die Frequenz der Wechselspannung verdreifacht, so werden nach Bild 7b drei Sinuskurven sichtbar. Um ein stehendes Bild zu erhalten, muß zwischen Horizontal- und Vertikalablenkung Synchronismus herrschen. Ist dieser von Natur aus nicht gegeben, so muß er zwangsweise herbeigeführt werden. Zu diesem Zweck wird dem Kippspannungsoszillator ein Teil der Meßspannung mit einstellbarer Amplitude direkt oder über einen speziellen Verstärker aufmoduliert.

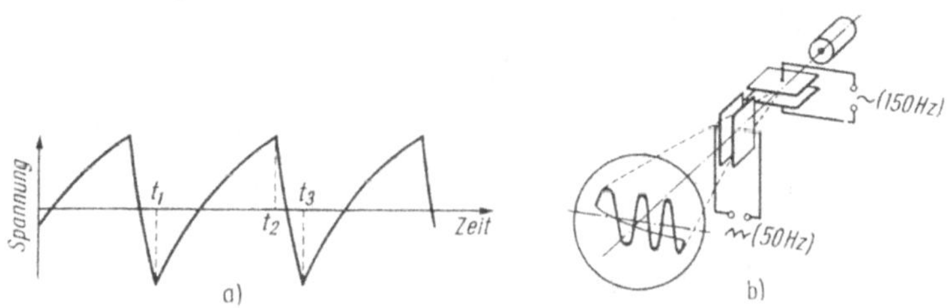

Bild 8. Strahlablenkung mit realer Kippspannung

a) sägezahnförmige Spannung eines Ionenröhrenoszillators
b) nichtlineare Zeitablenkung ohne Rücklaufverdunklung

Die im Bild 7 gezeigten Kurvenzüge sind etwas idealisiert. In Wirklichkeit geht stets ein Teil der Kippzeit T_K für den Strahlrücklauf verloren. Bild 8a zeigt den Zeitanteil $t_R = t_3 - t_2$ bei einem nicht ganz linearen „Sägezahn". Je größer die Kippfrequenz wird, um so größer wird auch der Anteil t_R, was zu einem Abweichen des Rückstrahls vom waagerechten Verlauf führt, wie Bild 8b zeigt. Ein solcher Rücklauf stört das Gesamtbild und seine Auswertung. Das läßt sich vermeiden, wenn während der Zeit t_R der Elektronenstrahl dunkel schreibt. Zu diesem Zweck erhält der Wehneltzylinder bei jeweils vorgegebener Vorspannung entweder während des Rücklaufs einen negativen oder während des Hinlaufs einen positiven Impuls. Die Impulse können auch mit umgekehrter Polarität auf die Katode gegeben werden. Sie werden, wie Bild 9a andeutet, durch Differentiation mit Hilfe eines CR-Gliedes aus der Kippspannung gewonnen [5].

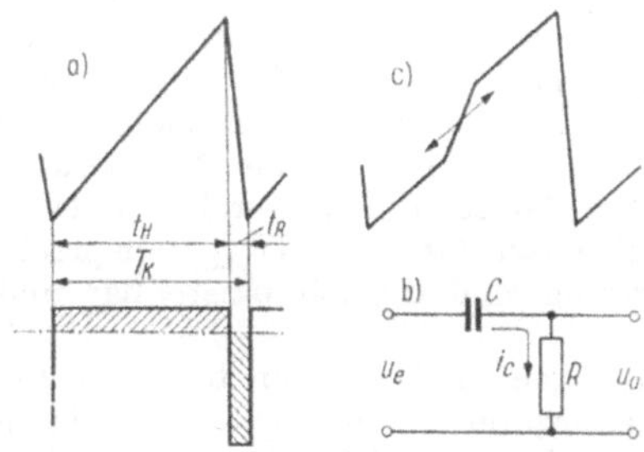

Bild 9. Strahlablenkung und Zeitdehnung
a) **Linearer Sägezahn und Differentiation für Hell- oder Dunkelsteuerung**
b) **Differenzierglied**
c) **sägezahnförmige Spannung mit Zeitdehnungsimpuls**

Die Bedingung hierfür lautet, gemäß Bild 9b

$$i_C = C \frac{du_C}{dt} \approx C \frac{du_e}{dt} \tag{16}$$

$$u_a = i_C R = RC \frac{du_e}{dt} \tag{17}$$

Aus $R \ll 1/\omega C$ folgt $R \ll 1/Cf$ und damit

$$RC = \tau \ll \frac{1}{f} = T, \tag{18}$$

wobei T die Schwingungszeit oder die Zeit des zu differenzierenden Kurvenabschnittes bedeutet.

Eine Differentiation ist also nur möglich, wenn die Zeitkonstante τ des CR-Gliedes viel kleiner als z. B. die Dauer des zu differenzierenden Kurvenabschnittes bzw. des Strahlhinlaufs- oder -rücklaufs ist. Der Koppelkondensator muß hochspannungsfest sein, da Katode und Wehneltzylinder an Hochspannung liegen.

Bei kompliziert zusammengesetzten und daher schwer auswertbaren Funktionen ist es oftmals erwünscht, den Zeitmaßstab des Strahlhinlaufs während eines nur kurzen t_H-Anteils nach Bild 9 zu strecken, d. h. bestimmte Kurventeile zu dehnen. Zu diesem Zweck wird, wie Bild 9c

zeigt, dem Hinlaufteil der Kippspannung ein steilerer und in seiner Lage verschiebbarer Spannungsabschnitt überlagert. Ein z. B. bei konstantem Zeitmaßstab nur schwer deutbarer schmaler Impuls läßt sich dadurch zusätzlich auflösen und für sich auswerten. Oftmals treten in der BMSR-Technik, z. B. bei Schaltvorgängen und bei Stoßantworten (Abschnitte 7.6. und 7.7.), sehr kompliziert zusammengesetzte Zeitverläufe der zu messenden Vorgänge auf. Nicht immer lassen sich diese durch Zeitdehnung ausreichend darstellen und auswerten. Eine optimale Darstellung ist möglich, wenn es gelingt, einen Einzelabschnitt, der z. B. nur 5% des Gesamtvorganges dauert, als Teilvorgang über die ganze Breite des Röhrenschirms abzubilden. Für die Verwirklichung sind ein Verzögerungsgenerator und ein triggerbares Kippgerät erforderlich (s. 5.5.).
Im Prinzip läßt sich bei jedem Kippspannungsoszillator der periodische Betrieb aussetzen und dafür durch ständige Startbereitschaft wiederholbare einmalige Strahlablenkung einstellen. Bei älteren Geräten, z. B. dem KO 715 (VEB Meßgerätewerk Zwönitz), wurde die einmalige Ablenkperiode mittels Drucktaste ausgelöst. Bei schnellablaufenden einmaligen Vorgängen ist dabei aber eine Synchronisierung von Meßvorgang und Zeitablenkung nur schwer möglich. Moderne EO haben deshalb einen triggerbaren Kippspannungsoszillator, d. h., es besteht die Möglichkeit, die einmalige oder periodisch einmalige Zeitablenkung durch den Meßvorgang selbst bzw. durch einen Impuls auszulösen. Die Triggeransprechempfindlichkeit und -ansprechverzögerung sind oftmals einstellbar und die Impulspolarität wählbar.
Für das Erzeugen von Kippschwingungen sind frequenzbestimmende *RC*-Glieder und Elektronen- oder Ionenröhren erforderlich. Im Prinzip genügt eine Schaltung nach Bild 10a, d. h. ein *RC*-Glied und eine dem Kondensator parallelgeschaltete Glimmlampe. Der Widerstand R_{RV} und der Kondensator C_{RV} dienen zum Erzeugen und Auskoppeln des Spannungsimpulses für die Verdunklung des Strahlrücklaufs. Der Koppelkondensator C_K und der Entladewiderstand R_E bestimmen das Übertragen der tiefsten Frequenz.
Wird der Kondensator C über den Widerstand R aufgeladen, so genügt die Ladespannung der Gleichung

$$u_t = U_B \left(1 - e^{-\frac{}{R \cdot C}}\right) \tag{19}$$

Die dem Kondensator parallelzuschaltende Glimmlampe mit der Zündspannung U_Z und der Löschspannung U_L zündet bei Erreichen ihres U_Z-Wertes und entlädt den Kondensator in sehr kurzer Zeit bis auf die Löschspannung. Durch den wieder einsetzenden Ladevorgang kommt es zu einer periodischen Kippschwingung mit der Amplitude

$$\Delta U = U_Z - U_L \tag{20}$$

und der Frequenz

$$f_K = \frac{1}{RC \cdot \ln \dfrac{U_B - U_L}{U_B - U_Z}} = \frac{1}{RC \cdot \ln K}, \tag{21}$$

wobei K eine Glimmlampenkonstante ist. Durch die Exponentialgesetzmäßigkeit in Gl. (21) ist $\frac{du}{dt}$ nicht mehr konstant, so daß auch der davon abgeleitete Zeitmaßstab nichtlinear wird. Eine angenäherte Linearisierungsmöglichkeit besteht in der Wahl einer möglichst großen Betriebsspannung U_B. Die dabei günstigstenfalls erreichbare Zahnform zeigt Bild 10b (Nichtlinearität 10%). Ein damit aufgelöstes Kurvenbild hat ein Aussehen nach den Bildern 5 und 8b, d. h., derAbstand zwischen

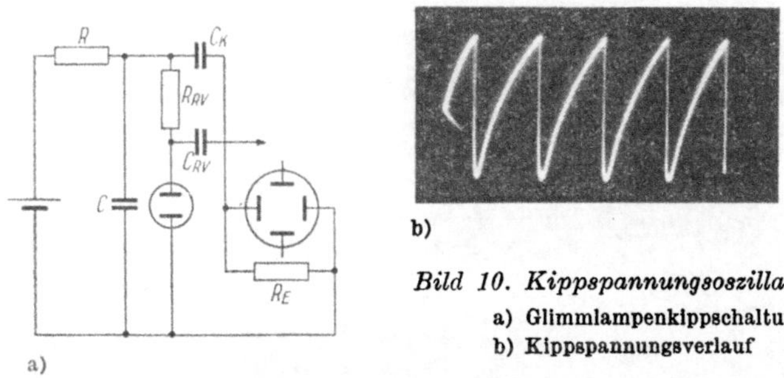

Bild 10. Kippspannungsoszillator
a) Glimmlampenkippschaltung
b) Kippspannungsverlauf

den einzelnen Perioden ist nicht konstant. Eine bessere Linearisierung ergibt sich durch den Austausch des Ladewiderstandes durch eine Ladepentode und der Glimmlampe durch ein Stromtor (Thyratron). Die Ladepentode gewährleistet einen konstanten Ladestrom für den Kondensator und dadurch weitgehende Linearität des Spannungsanstieges und das Stromtor nach Gl. (20) eine größere Amplitude. Die höchste mit Ionenröhren erzeugbare Kippfrequenz liegt bei etwa 150 kHz, so daß moderne EO fast nur noch mit Elektronenröhren und neuerdings auch mit Transistoren bestückte Kippspannungsoszillatoren haben. Mit diesen lassen sich Kippfrequenzen > 1 MHz erzeugen [1 bis 7].

3. Aufbau

3.1. Netzteil (Stromversorgungsteil)

Bei modernen EO gibt es zwei Aufbauarten. Da verhältnismäßig einfache Service-Geräte möglichst klein und leicht sein sollen, führt man sie als Einheitsgeräte in kompakter Bauweise aus. Zwar werden die einzelnen Funktionseinheiten für sich verschaltet und montiert, die mechanische und elektrische Verbindung wird aber fest durchgeführt. Bei größeren Labor- oder Mehrzweckgeräten setzt sich jedoch auch bei Normalausführungen immer mehr die Einschubbauweise durch.

Das Netzteil ist bei beiden Aufbauarten fest im Spritz- oder Druckgußgehäuse montiert. Es muß zur Isolierung der Meßeingänge vom Netz und zur Erzeugung der Hochspannung für die Oszillografenröhre einen Trenntrafo besitzen. Spartrafos und Allstromausführungen sind bei elektronischen Meßgeräten unzulässig.

Für die Hochspannungsgleichrichtung wird meistens ein Trockengleichrichter in Einwegschaltung verwendet. Die Belastung beträgt nur wenige Milliampere. Das Gleichrichterteil für die Funktionseinheiten kann mit Röhren oder mit Trockengleichrichtern bestückt und aufgeteilt sein. Zur Gewährleistung konstanter Betriebsspannungen sind Stabilisationsröhren vorgesehen. Das Netzteil befindet sich bei EO stets hinten. Das

Bild 11. Aufbau des HF-Zweistrahloszillografen KO 721 (Werkfoto: VEB Meßgerätewerk Zwönitz)

ist günstig für die leichtere Trennung von Meß- und Netzleitungen sowie zur weitgehenden Fernhaltung von Trafo- und Drosselstreufeldern vom Ablenkbereich der Bildröhre und den Verstärkereingängen. Bild 11 zeigt den auch für moderne Geräte charakteristischen Geräteaufbau eines älteren EO (Draufsicht). Ganz hinten ist das Netzteil mit den Gleichrichter- und Stabilisationsröhren zu erkennen.

3.2. Nachbeschleunigungsumformer

Nachbeschleunigungsröhren benötigen noch eine zusätzliche, zwischen Hauptanode und Nachbeschleunigungsanode wirksame Hochspannung. Diese wird einem Gleichrichter mit sehr geringer Leistung entnommen. Seine Spannung beträgt mehrere Kilovolt. Für ihre Erzeugung sind ein kleiner Trafo mit nur wenigen Voltampere Leistungsumsatz und ein zusätzlicher Heiztrafo (bei Röhrengleichrichtung) vorgesehen. Da die Stromentnahme sehr gering ist, genügt für die Glättung ein Ladekondensator. Bei dem EO nach Bild 11 befindet sich der Nachbeschleunigungsumformer auf dem Boden des Gerätes. Für seine Inbetriebnahme ist ein gesonderter Schalter vorgesehen. Beachtung verdient das Verbindungskabel zwischen Bildröhre und Nachbeschleunigungsumformer, da es hochspannungsführend ist. Neben EO mit eingebauten Funktionseinheiten gibt es auch Nachbeschleunigungsumformer als Zusatzgeräte.

3.3. Meßverstärker

Um für ein auswertbares Schirmbild eine ausreichende Strahlablenkung zu erhalten, muß an den Ablenkplatten der Elektronenstrahlröhre eine Spannung von 20 bis 200 V wirksam sein. Spannungen in dieser Größe stehen aber in Meßkreisen nur selten zur Verfügung, so daß das Zwischenschalten von Meßverstärkern erforderlich ist. Die speziellen Anforderungen an Meßverstärker sind unterschiedlich; denn sie hängen weitgehend vom Typ und Einsatz des EO ab. Allgemeine Bedingungen sind jedoch hoher Eingangswiderstand, die Verstärkung sehr kleiner Spannungen (hoher Verstärkungsgrad), die Verstärkung von Gleichspannungs- und sehr schnell veränderlichen Signalen (hohe Grenzfrequenz, große Bandbreite) sowie eine verzerrungsfreie Verstärkung (lineares Verhalten, geringer Klirrfaktor und Störpegel).

Da sich Verstärkerausgangsspannungen von 100 bis 200 V vorerst leichter mit Elektronenröhren als mit Transistoren erzeugen lassen, ist in der Elektronenstrahloszillografie bislang der Röhrenverstärker dominierend. Neben dem Vorteil einer möglichen großen Ausgangsspannung hat er noch den Vorzug eines großen Eingangswiderstandes und damit einer praktisch leistungslosen Eingangssteuerung. Zwischen den erwähnten allgemeinen Forderungen und dem dafür notwendigen elektronischen Aufwand ist stets nur ein Kompromiß innerhalb bestimmter Grenzen zu verwirklichen. Das gilt besonders für den Verstärkungsgrad und das Zeitverhalten, da beide gegensätzlich zueinander stehen.

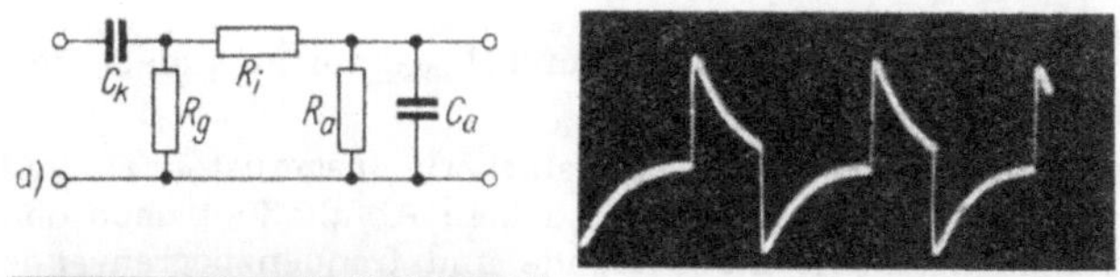

b)

c)

Bild 12. Frequenzabhängigkeit von Meßverstärkern

a) Ersatzschaltbild eines *RC*-Verstärkers
b) Rechteckverformung bei tiefen Frequenzen
c) Differenzierende Wirkung an der unteren Frequenzgrenze

Vor einigen Jahren wurden Meßverstärker für EO vorwiegend als *RC*-Verstärker aufgebaut. Ein *RC*-Verstärker läßt sich im Ersatzschaltbild bei unsymmetrischem Ein- und Ausgang als Vierpol nach Bild 12a darstellen. Ein solcher Vierpol hat Bandpaßeigenschaft, d. h., er überträgt bzw. verstärkt nur ein ganz bestimmtes Frequenzband. Die untere und obere Grenzfrequenz wird jeweils bei einem bestimmten Verstärkungsabfall definiert, wobei der gebräuchliche Wert von —3 dB für Meßverstärker oftmals zu groß ist. Eine Vierpolschaltung nach Bild 12a überträgt keine Gleichspannung. Bei sinusförmiger Wechselspannung ergibt sich die untere Grenzfrequenz zu

$$\omega_u = \frac{1}{R_g \cdot C_K} \tag{22}$$

Sie liegt um so tiefer, je größer die Eingangszeitkonstante τ_e ist. Die obere Grenzfrequenz genügt der Beziehung

$$\omega_0 = \frac{1}{R_a \cdot C_a} \tag{23}$$

Ihre Höhe wird von der Ausgangszeitkonstante τ_a bestimmt. Bei einem bestimmten Verhältnis von Schwingungs- bzw. Signalzeit T_S zur jeweiligen Ein- oder Ausgangszeitkonstante hat das Eingangsglied differenzierende ($RC \ll T_S$) und das Ausgangsglied integrierende Wirkung ($RC \gg T_S$). Da die Kennlinienaufnahme mit sinusförmiger Wechselspannung im gesamten Frequenzbereich ω_u bis ω_0 sehr zeitraubend ist, wird der Beobachtung und Messung mit Rechteckschwingungen der Vorzug gegeben (square wave testing). Die differenzierende Wirkung sowie der Verstärkungsabfall und die Phasendrehung an der unteren Frequenzgrenze sind am sog. „Dachabfall" zu erkennen und zu ermitteln. Bild 12b zeigt hierzu ein Oszillogrammbeispiel. Das Meßverfahren ist sehr genau. Bereits ein Verstärkungsabfall von 0,06% bzw. eine Phasendrehung von 2° ergeben einen Dachabfall von 10%. Bei 30% Verstärkungsabfall bzw. 45° Phasendrehung klingt das „Dach" als e-Funktion fast bis auf die Nullinie ab (Bild 12c). Der Zusammenhang von Verstärkungsabfall und Phasendrehung ist durch die Beziehung

$$\varphi = \arccos \frac{\mathfrak{V}}{V_{max}} \tag{24}$$

gegeben, wobei $\mathfrak{V}$ die frequenzabhängige und V_{max} die maximale Verstärkung bedeuten.

Moderne EO sind mit Gleichspannungsverstärkern ausgerüstet, so daß auch die Frequenz Null übertragen wird und kein Abfalleffekt nach den Bildern 12b und c auftritt. Die integrierende und frequenzbegrenzende Wirkung des Ausgangs-RC-Gliedes nach Bild 12a bleibt aber bestehen. Sie äußert sich in einem allmählichen Übergang der Anstiegs- und Abfallflanke in eine e-Funktion. Bild 5 zeigt den Anfang dieser Tendenz und Bild 13 den charakteristischen Weiterlauf (s. u. Bild 49a).

a)

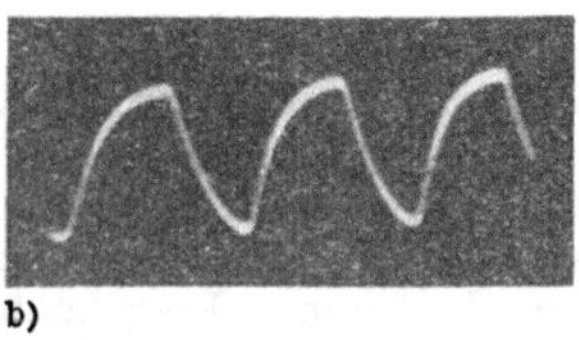

b)

Bild 13. Frequenzabhängigkeit von Meßverstärkern

a) Rechteckverformung bei hohen Frequenzen
b) Integrierende Wirkung an der oberen Frequenzgrenze

Von einem Breitbandverstärker wird verlangt, daß er innerhalb der angegebenen Frequenzgrenzen, z. B. zwischen 0 und 10 MHz, nicht nur sinusförmige Spannungen verstärkt, sondern auch Rechteckimpulse mit möglichst allem Harmonischen des Frequenzspektrums. Ein solcher Verstärker verhält sich wie ein *I*- bzw. *RC*-Glied, d. h., er benachteiligt nur höhere Frequenzen. Für einen weitgehend linearen Frequenzgang müssen deshalb Korrekturnetzwerke eingesetzt werden, die aus frequenzabhängigen Zwei- und Vierpolen bestehen. Da diese auch Induktivitäten haben, besteht, wie aus Bild 14 zu ersehen ist, bei der Übertragung von Rechteckimpulsen die Gefahr des Überschwingens und der Schwingungsanregung. Beide Oszillogramme wurden mit einer Nachbeschleunigungsröhre aufgenommen. Sie zeigen die jeweils am Verstärkereingang und -ausgang angelegten bzw. abgenommenen Kurvenformen.

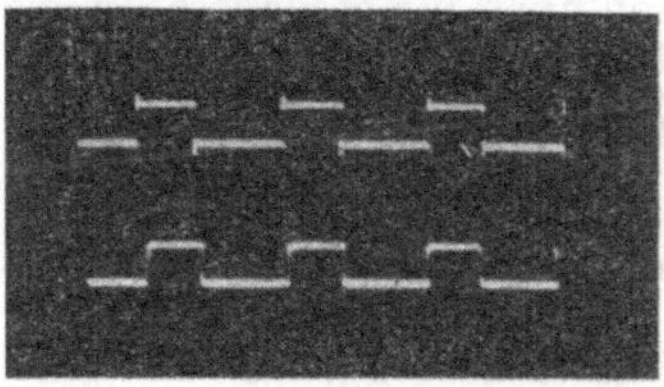

a)

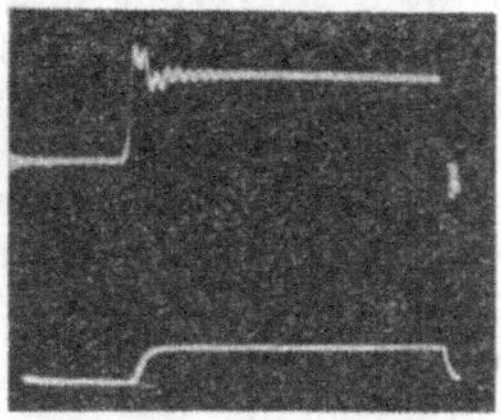

b)

Bild 14. Wirkung von Korrekturnetzwerken (unten: Eingangsspannung; oben: Ausgangsspannung)

a) Überschwingen
b) Schwingungsanregung

Moderne, hochwertige EO sind meistens in Einschubbauweise ausgeführt, so daß die Möglichkeit auswechselbarer Verstärker besteht.
Zusammenfassende Meßverstärkerkenngrößen sind Frequenzbereich und Verstärkungsabfall an den Frequenzgrenzen, Verstärkungsgrad oder maximaler Ablenkfaktor, Spannungsteilerbereich bzw. Abschwächerstufen, Anstiegszeit und maximales Überschwingen sowie Eingangswiderstand und Klirrfaktor. Neben normalen Breitbandverstärkern gibt es für EO noch Spezialmeßverstärker, z. B. mit extrem hohem Eingangswiderstand ($\gg 10^9 \Omega$) für piezoelektrische Meßfühler oder zur Differenzbildung zweier Meßspannungen (z. B. Differenzverstärker DV-90). Verstärker mit der Frequenzgrenze bei 0 Hz erfordern zur Verringerung der Drift einen großen Stabilisierungsaufwand. Das gilt besonders bei sehr langsamen Zeitablenkungen ($\ll$ 1 Hz).

3.4. Zeitablenkgerät (Kippspannungsoszillator)

Das bereits im Abschnitt 2.7. und speziell mit den Bildern 7 bis 10 erläuterte Prinzip der Erzeugung der EO-Zeitbasis wird bei modernen Geräten nur noch mit Elektronenröhren verwirklicht. Es gibt hierfür Einröhren- und Mehrröhren- sowie Trioden- und Pentodenschaltungen. Die Erzeugung von sägezahnförmigen Spannungen ist auch mit Transistoren möglich. Da aber für die Schirmaussteuerung ein Spannungswert von etwa 200 V erforderlich ist, sind Transistoren wegen der meist niedrigen zulässigen Betriebsspannungen weniger dafür geeignet. Ein neuerdings praktizierter Kompromiß besteht darin, zwar die eigentliche Kippspannung mit Transistoren zu erzeugen, sie dann aber im ohnehin meistens vorhandenen Horizontalverstärker auf die erforderliche Höhe

zu verstärken. In naher Zukunft ist jedoch auch mit volltransistorisierten EO zu rechnen. Da die Schreibhelligkeit mit größerer Schreibgeschwindigkeit geringer wird, wird der Schreibstrom zur Erreichung einer weitgehend gleichbleibenden Schreibhelligkeit mit Hilfe einer Steuerstufe automatisch der Schreibgeschwindigkeit angepaßt.
Von einem Zeitbasisgerät für moderne EO wird ein großer Kippfrequenz- bzw. Zeitmaßstabbereich (< 1 Hz bis > 500 kHz), ein kleiner Linearitätsfehler und ein großer Zeitdehnungsbereich verlangt. Der Kippspannungsgenerator muß intern und extern sowie mit verschiedenen Impulsformen und -polaritäten triggerbar und der Elektronenstrahl hell- und dunkelsteuerbar sein. Die Kippspannung soll auch für besondere Zwecke extern zur Verfügung stehen. Bei speziellen EO mit sehr kleiner Kippfrequenz ($f_K \ll 1$ Hz) wird oftmals die Zeitachse zur besseren Deutung des Meßvorganges in mehreren Zeilen übereinander geschrieben.
Nicht immer läßt sich der technische Komfort eines Industrie-EO nutzen. So gibt es Anwendungen, bei denen sowohl wegen genügend großer Meßspannung auf einen Verstärker als auch auf Grund einer notwendigen netzsynchronen Zeitablenkung auf ein Kippspannungsgerät verzichtet werden kann. Ein so einfaches Gerät läßt sich, bis auf die Oszillografenröhre und einen Trockengleichrichter, ohne elektronische Mittel aufbauen, so daß es sehr betriebssicher ist. Die netzsynchrone Zeitablenkung von 50, 100 und 200 Hz wird aus der 50-Hz-Netzspannung abgeleitet. Bei 50 und 100 Hz wird dabei von der Kondensatorenentladung nach Ein- bzw. Zweiweggleichrichtung ausgegangen. Bilder 15a und b zeigen, daß die Spannung ΔU am Ladekondensator während des Stromflußwinkels α nahezu linear abfällt, was sich für den zeitproportionalen Strahlhinlauf nutzen läßt. Die Auskopplung von ΔU könnte mit Kondensatoren erfolgen. Um jedoch zu einem günstigen $\frac{\alpha}{T}$ -Verhältnis zu gelangen, wird

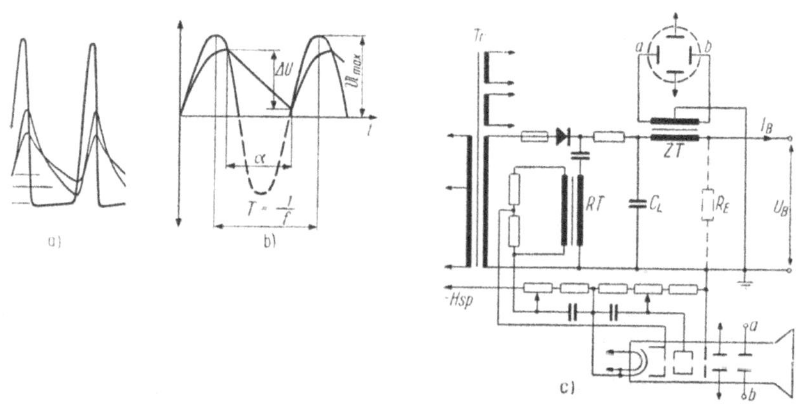

Bild 15. Gewinnung von 50-Hz- und 100-Hz-Zeitablenkung aus der Netzspannung

a) Spannungsverlauf am Ladekondensator bei verschiedener Kapazität und konstanter Belastung
b) Lade- und Entladevorgang bei Einweggleichrichtung
c) Zeitablenkschaltung

ΔU möglichst klein gewählt und durch eine Siebdrossel mit Sekundärwicklung bzw. durch den Übersetzer ZT auf den geforderten Wert transformiert und dabei symmetriert. Der nichtlineare Spannungsanstieg wird durch den Transformator RT mit Spannungsteiler durch Differenzieren so geformt, daß er sich zur Rücklaufverdunklung eignet. Bild 15c zeigt die Prinzipschaltung einer solchen Zeitspannungsgewinnung. Der Transformator Tr kann zu einem externen Netzteil gehören. Bei $I_B = 0$ muß der Entladewiderstand R_E wirksam sein. Bei Zweiweggleichrichtung verdoppelt sich die Ablenkfrequenz.

Etwa 200 Hz Ablenkfrequenz lassen sich erzeugen, wenn man die Oszillografenröhre mit Wechselspannung speist und während der positiven Halbwelle einen Teil der 50-Hz-Kurve für die Zeitbasis benutzt. Bild 16 zeigt hierzu eine Funktionsübersicht. Im Bildteil *a* ist das Zusammenwirken von Anodenspannung und Zeitablenkspannung zu erkennen.

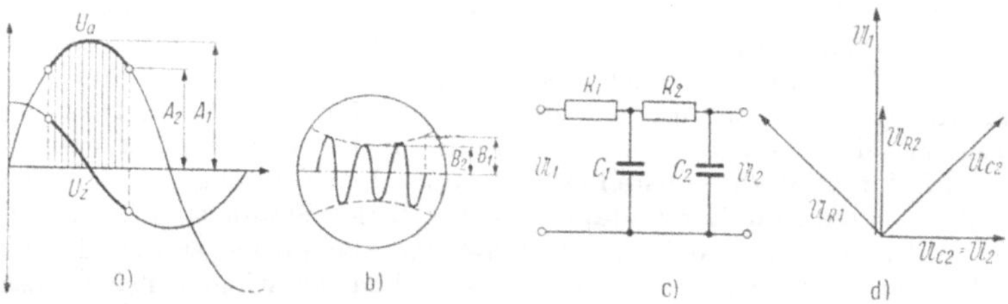

Bild 16. Gewinnung von 200-Hz-Zeitablenkung aus der Netzspannung

a) Anodenspannung und Zeitablenkspannung
b) Schirmbild
c) phasendrehender Vierpol
d) Zeigerdiagramm

Da U_a nicht konstant ist, ergibt sich, wie auf Bildteil *b* zu sehen ist, ein Amplitudenabfall in Oszillogrammitte. Für diesen gilt die Proportion $A_1 : A_2 = B_2 : B_1$. Die Zeitablenkspannung wird durch einen gegenüber der Röhrenwechselspannung um 90° drehenden RC-Vierpol gewonnen. Bildteil *c* zeigt die Schaltung dieses Vierpols und Bildteil *d* das dazuge-

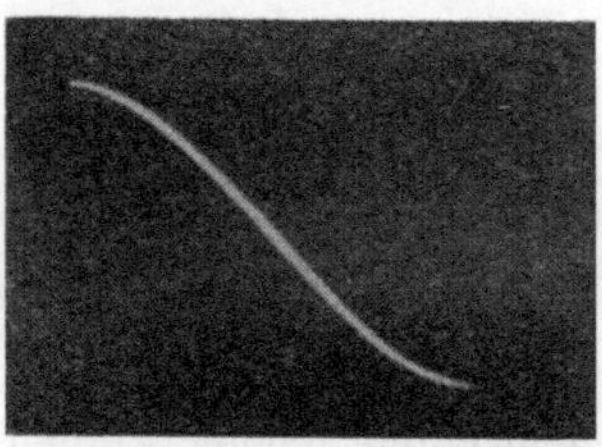

a)

b)

Bild 17. Einfacher Oszillograf

a) Verlauf der 200-Hz-Zeitablenkspannung
b) Geräteinnenaufbau des EO mit drei festen Ablenkfrequenzen (Privatfoto)

hörige Zeigerdiagramm. Da $\mathfrak{U}_2$ gegenüber $\mathfrak{U}_1$ halbiert wird, muß $\mathfrak{U}_1$ entsprechend gewählt oder transformiert werden. Bild 17a zeigt das Oszillogramm einer solchen Zeitablenkspannung. Der tatsächliche Arbeitsbereich hängt jedoch von der Höhe der gewählten Anodenspannung ab. Die äußeren Teile lassen sich also noch durch die Bildröhre unterdrücken. Eine solche Zeitablenkung gestattet eine recht gute Auflösung, besonders des Tonfrequenzgebietes. Das nur schwach ausgeprägte Doppeltrapez stört die Bildauswertung nicht. Bild 17b zeigt den Innenaufbau eines solchen einfachen Prüfstands-EO mit den beschriebenen drei festen Ablenkfrequenzen 50, 100 und 200 Hz [11; 12]. Ein solches Gerät ist außerordentlich betriebssicher und deshalb besonders gut, z. B. für den Mehrschichtbetrieb in der Produktion geeignet.

3.5. Sonstige Bau- und Funktionsgruppen

Für einen universellen Elektronenstrahloszillografen sind außer den Hauptbaueinheiten für Stromversorgung, Meßverstärkung und Zeitablenkung noch mehrere kleinere Baugruppen erforderlich. So muß der Anschluß von Meßspannungen ohne Verstärkerzwischenschaltung gewährleistet sein. Diese Eingänge sollen eine in der Amplitude und in der Lage auf dem Schirm einstellbare X- und Y-Ablenkung ermöglichen. Außerdem müssen die horizontalen und vertikalen Meßplatten auch noch direkt und ohne parallele Schaltelemente über Schaltbuchsen zugänglich sein. Werden diese Eingänge benutzt, so sollen der Eingangswiderstand möglichst unendlich und die Eingangskapazität sehr klein sein. Die Hauptanode der Oszillografenröhre muß ebenfalls durch eine Schaltbuchse zugänglich und von ihrer Verbindung zur Masse zu trennen sein, damit sie auf jedes andere Potential gebracht werden kann.
Notwendig ist bei jedem EO eine Höhen- und Seitenverschiebung des Schirmbildes. Zu diesem Zweck wird die Ablenkspannung an den X- und

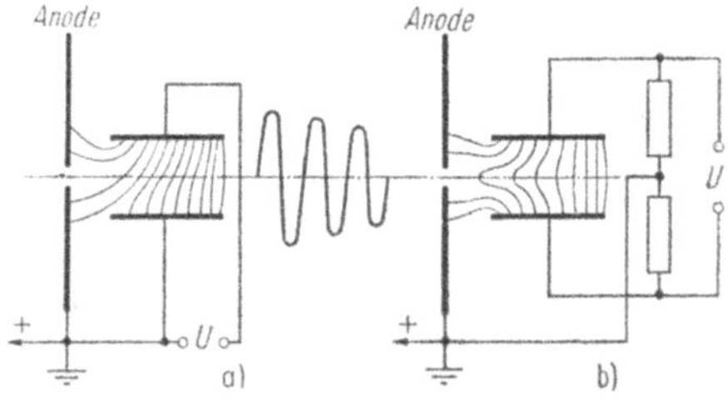

Bild 18. Feldlinienverlauf
a) unsymmetrische Strahlablenkung (Trapezfehler)
b) symmetrische Strahlablenkung

Y-Platten einer einstellbaren symmetrischen Gleichspannung überlagert. Die meistens als Stellglieder verwendeten Tandem-Potentiometer werden dabei mit in die Symmetrierung der Strahlablenkung einbezogen. Das ist notwendig, um trotz symmetrischen Röhrenaufbaus das elektrische Feld zwischen Hauptanode und Ablenksystemen nicht zu verzerren. Durch ein auf Grund von elektrischer Unsymmetrie verzerrtes Feld kommt es zu dem sog. „Trapezfehler" nach Bild 18a. Bildteil *b* zeigt den Feldverlauf bei symmetrischer Ablenkung. Zur Erreichung einer symmetrischen Strahlablenkung werden die Meßverstärker als Gegentaktendverstärker ausgeführt.

Manche Oszillografen haben noch eine Baugruppe für eine einstellbare Vergleichsspannung zur Kalibrierung. Dabei wird der Kalibrierspannung mit Rechteckform der Vorzug gegeben [10].

Alle weiteren Funktions- und Ergänzungseinheiten, wie Vorverstärker, Elektronenschalter, Zeitmarkengeber, Meßbildgeber usw., stehen bei modernen EO als Geräteeinschübe zur Verfügung [18].

4. Oszillografentypen

4.1. NF-Oszillograf

Von einem NF-Oszillografen wird verlangt, daß er Messungen im Frequenzgebiet von 10 Hz bis 20 kHz gestattet. Die Frequenzgrenzen seiner Verstärker und der Kippbereich des Zeitbasisgerätes müssen deshalb auch mindestens bei diesen Werten liegen. Die ersten nach dem Krieg entwickelten NF-Oszillografen genügten auch weitgehend diesen Forderungen, aber nur für sinusförmige Spannungen. In vielen Betrieben und Instituten befindet sich auch heute noch der KO 715 nach Bild 19

Bild 19. NF-Oszillograf KO 715 mit Fotoeinrichtung (Werkfoto: VEB Meßgerätewerk Zwönitz)

im Einsatz. Bei der Entwicklung dieses Gerätes in den Jahren 1950/51 wurde ein Frequenzbereich von 1 Hz bis 20 kHz für die Meßverstärker und 0,7 Hz bis 10 kHz für die Zeitablenkung als ausreichend angesehen. Der maximale Verstärkungsfaktor lag bei 20 000. Außerdem waren direkte sowie symmetrische und unsymmetrische *RC*-Eingänge für die Horizontal- und Vertikalablenkung vorgesehen, um entsprechende Spannungen ohne Verstärkung anschließen zu können. Die Zeitablenkung konnte von periodischem auf einmaligem Betrieb umgeschaltet werden und die Nachbeschleunigungsbildröhre und der eingebaute Nachbeschleunigungsnetzteil gestatteten günstiges Fotografieren und Projizieren des Schirmbildes.

In den letzten Jahren wurden die NF-Typen zu Mehrzweckgeräten im Mittelfrequenzbereich entwickelt. Der Grund lag in der angestrebten größeren Universalität des Einsatzes und speziell der Anwendung in der BMSR-Technik. Das interessierende Arbeitsgebiet verlagerte sich immer mehr vom NF-Gebiet und der Sinusform zu dem der Impulsform. Um aber z. B. bei einer Rechteckschwingung mit einer Grundfrequenz von 10 kHz noch die 30. Harmonische verzerrungsfrei übertragen zu können, ist eine Grenzfrequenz von mindestens 300 kHz erforderlich. Ähnliches gilt für die untere Frequenzgrenze, die für Rechteckwellen im Bereich von wenigen Hertz zweckmäßigerweise bei 0 Hz liegen soll.

Das NF-Oszilloskop EO 1/76 T des VEB TPW Thalheim wird als Variante der Service-Typenreihe diesen Forderungen gerecht. Bei einem maximalen Verstärkungsfaktor von 2500, einer Bandbreite von 0 bis 300 kHz und einem Kippbereich von 1 Hz bis 100 kHz lassen sich alle wichtigen BMSR-Messungen durchführen. Die Kippspannung ist dehn- und triggerbar und die Helligkeit modulierbar [18].

Höheren Ansprüchen genügt das NF-Oszilloskop OG2-18 des VEB Meßelektronik Berlin. Die Einschubbauweise der Typenreihe, zu dem das OG2-18 gehört, gestattet eine dem Aufgabengebiet entsprechende Kombination der Einschübe. Die verwendete B 13 S 6 ist eine Einstrahlröhre mit Planschirm und Nachbeschleunigungsanode. Da das OG2-18 als Doppelstrahl-EO verwendet werden soll, ist ein elektronischer Schalter eingebaut (Abschnitt 5.1.). Die drei einsetzbaren Geräteeinschübe sind der Vorverstärker BV-80 mit einer Bandbreite von 0 bis 500 kHz, der Kippgenerator KG-80 und der Meßbildgeber MB-80 (Abschnitt 5.6.). Mit ihnen sind sechs Kombinationen für Einstrahl-, Doppelstrahl- und Koordinatenbetrieb (X-Y-Schreiber) möglich.

4.2. HF- und Impulsoszillograf

Die zur Darstellung von NF-Impulsen notwendige Übertragung von den im HF-Gebiet liegenden höheren Harmonischen macht auch den NF-Oszillografen für die HF-Technik bis etwa 300 oder 500 kHz interessant und geeignet. Eine klare Trennung von NF-EO und HF-EO gibt es also

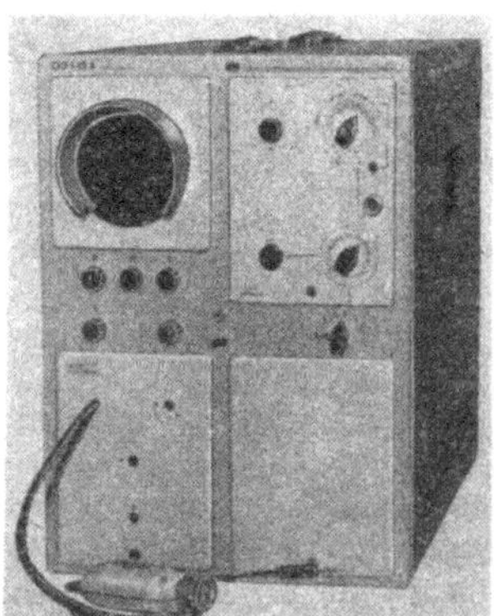

Bild 20. Impulsoszilloskop OG 1-13A (Werkfoto: VEB Meßelektronik Berlin)

nicht mehr. Trotzdem verlangt man z. B. von einer HF-Type der Service-Reihe (Abschnitt 4.5.), daß sie im Vergleich zur NF-Type die etwa zehnfache Bandbreite aufweist, d. h. eine obere Grenzfrequenz von 3 oder 5 MHz hat. Bei einem HF-Normal- oder -Zweistrahloszillograf setzt man wenigstens 10 MHz voraus. Mit dieser Grenzfrequenz kann auch von einem 330 kHz-HF-Impuls noch die 30. Harmonische übertragen werden. Für die HF-Impulstechnik genügt das jedoch nicht. Von den dort einzusetzenden Geräten wird ebenfalls noch einmal die etwa zehnfache Bandbreite gegenüber den allgemeinen HF-Typen, d. h. eine obere Grenzfrequenz von 90 bis 100 MHz erwartet.

Das Impulsoszilloskop OG1-13A nach Bild 20 hat für die Y-Richtung eine Verstärkerbandbreite von 0 bis 90 MHz und für die X-Richtung von 0 bis 2,4 MHz. Der Kippfrequenzbereich umfaßt acht Zehnerpotenzen. Die wahlweise periodische oder einmalige Zeitablenkung ist dehn- und triggerbar und die Strahlhelligkeit modulierbar. Durch die Einschubtechnik des Gerätes ist die Anpassung an die verschiedensten BMSR-Meßprobleme gegeben. Bei Verwendung des Meßverstärkers BV-90 statt des Kippgenerators KG-90 ist z. B. die Darstellung in X-Y-Koordinaten mit beliebigen Veränderlichen möglich. Weitere Zusatzeinschübe sind der Zeitmarkengenerator MS-90 (Abschnitt 5.2.), der Rechteckwellengenerator RS-90 (Abschnitt 5.3.), der Verzögerungsgenerator DT-90 (Abschnitt 5.5.) und der Differenzverstärker DV-90 (Abschnitt 5.7.). Das Meßsignal wird unsymmetrisch auf den Tastkopf ZTK-92 des Vorverstärkers BV-92 (Bild 20) und von da über die Verzögerungsleitung LZK-1 und den Vertikalverstärker VV-92 auf die Ablenkplatten gegeben. Tastköpfe sind Spannungsteiler, die zur Erhöhung der Eingangsimpedanz benutzt werden, und durch Verzögerungsleitungen wird ein zeitlicher Nachlauf des Meßsignals gegenüber der Zeitablenkung erreicht. Der OG1-13A ist ein EO, der neben seiner Bestimmung für die HF-Impulstechnik auch höchsten Ansprüchen der BMSR-Technik gerecht wird [18].

4.3. Mehrstrahloszillograf

Die Tatsache, daß oftmals mehrere Teilvorgänge in ihrer gegenseitigen Abhängigkeit zu untersuchen sind, führte zur Entwicklung von Mehrstrahl- und besonders von Zweistrahloszillografen. Der Doppelstrahlbetrieb ist bereits möglich, wenn ein Einstrahloszillograf mit zwei technisch gleichwertigen Vertikalverstärkern und einem elektronischen Umschalter ausgerüstet wird (Abschnitt 5.1.). Durch den elektronischen Schalter wird abwechselnd mit einstellbarer Periodizität der eine oder der andere Meßvorgang an die vertikalen Ablenkplatten gelegt. Der Anwendung sind aber, wie noch erläutert wird, bestimmte Grenzen gesetzt. Die Bildröhre eines Zweistrahl-EO hat zwei völlig voneinander unabhängige Strahlerzeugungs-, Fokussier- und Ablenksysteme. Gemeinsam haben beide Systeme nur die Stromversorgung und bei Zeitfunktionen die Zeitbasiseinstellung.

Auf Grund des gegenüber Einstrahlgeräten ohnehin größeren Aufwandes sollen die Meßverstärker von Zweistrahlgeräten ausgewählte Kenndaten aufweisen. Der in den Jahren 1949/50 entwickelte KO 721 nach Bild 11 trug den Forderungen der Impuls- und BMSR-Technik nur wenig Rechnung. Sein Einsatz beschränkte sich in erster Linie auf Sinusspannungen im Bereich von 30 Hz bis 5 MHz (Zeitablenkung von 20 Hz bis 1 MHz). Seine Weiterentwicklung, das Duoskop EO 2/131 nach Bild 21 hat zwei Y-Meßverstärker mit einer Bandbreite von 0 bis 10 MHz und einen

Bild 21
Universal-Zweistrahl-Oszillograf „Duoskop EO 2/131" mit Fototubus (Werkfoto: VEB TPW Thalheim)

Meßverstärker für die X-Richtung von 0 bis 2 MHz. Der Frequenzbereich des Kippgerätes erstreckt sich von 0,1 Hz bis 1 MHz. Der Generator ist extern synchronisierbar sowie triggerbar und die Zeitbasis dehnbar. Alle sonstigen Kennwerte genügen den Forderungen, die an moderne HF-EO gestellt werden [18]. Zum Fotografieren des Schirmbildes ist ein Fototubus vorgesehen, der das Ansetzen einer Spezialkamera gestattet (Bild 21).

Das Duoskop EO 2/131 ist ein Einheitsgerät mit seinen prinzipiellen gerätebaulichen Nachteilen [5]. Diese machen sich bereits beim Laboreinsatz nach verhältnismäßig kurzer Zeit bemerkbar. Es wird deshalb wohl in seinen technischen Daten den Bedingungen der BMSR-Technik gerecht, nicht aber der sich immer mehr in den Vordergrund drängenden Forderung nach Austauschbarkeit und servicefreundlichem Aufbau.

Das Dualoszilloskop OG2-10 des VEB Meßelektronik stellt deshalb einen günstigen Kompromiß dar. Es ist zwar kein Zweistrahloszillograf wie der Gerätetyp EO 2/131 mit zwei voneinander unabhängigen Schreibsystemen, sondern ein Einstrahl-EO mit eingebautem elektronischen Umschalter. Das Gerät ist aber in Einschubtechnik ausgeführt und hat zwei Y-Meßverstärker mit größerer Bandbreite (0 bis 30 MHz) gegenüber dem EO 2/131. Alle weiteren technischen Daten gleichen weitgehend denen des EO 2/131 [18]. Durch die Einschubbauweise ist ein günstigeres Anpassen an die jeweilige Meßaufgabe möglich. Außerdem besteht eine bessere Fehlerlokalisierung, so daß eine größere Zuverlässigkeit und Betriebssicherheit gegeben ist. Die bereits im Abschnitt 4.2. genannten Zusatzeinschübe lassen sich auch für den Gerätetyp OG2-10 verwenden.

Ähnliche Qualitäten hat der EO nach Bild 22. Das Dualoszilloskop 535 A ist in Einschubtechnik ausgeführt. Es hat zwei gleichwertige Vertikalmeßverstärker und einen elektronischen Umschalter. Die Verstärkerbandbreite beträgt 0 bis 15 MHz. Zwei Zeitablenk-, ein Eich- und ein Verzögerungs-

generator mit geeichten Ablenkschritten sowie anderer Meßkomfort gestatten ein hohes Maß an Meßuniversalität [8].
Besonders günstig für die BMSR-Technik ist der als Zweikanaloszillograf bezeichnete Typ OG2-23 auf Bild 72 mit einer Bandbreite von 0 bis 10 MHz. Die Einschubtechnik und Teiltransistorisierung sowie der teilweise Schaltungsaufbau in gedruckten Leiterplatten und Steckverbindungen gestatten eine günstige Gerätegestaltung mit niedriger Bauhöhe sowie ein hohes Maß an Meßuniversalität, Betriebssicherheit und Servicefreundlichkeit. Durch einen vorschaltbaren Tastteiler von 10 : 1 läßt sich die Eingangsimpedanz auf 5 MΩ/10 pF erhöhen. Das Auslösen der Zeitablenkung kann extern oder intern erfolgen, wobei die maximale Triggerfrequenz bei etwa 10 MHz liegt.

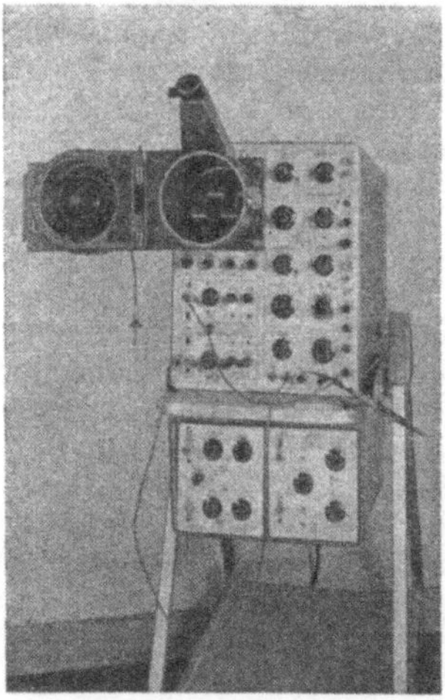

Bild 22. Oszilloscope 535 A mit Dual-Trace DC Unit, Type C-A (Werkfoto: Tektronix/USA)

Sollen mehr als zwei Schreibstrahlen zur Verfügung stehen, so lassen sich diese z. B. bei den Typen KO 721 (Bild 11) und EO 2/131 (Bild 21) durch den Einsatz von elektronischen Schaltern erzeugen. Auf diesem Wege ist es möglich, z. B. aus einem Zweistrahloszillograf wirkungsmäßig einen Drei- oder Vierstrahloszillograf zu machen. Die Schreibstrahlen für einen Mehrstrahloszillografen können jedoch auch aus einem gemeinsamen Strahlerzeugungssystem gewonnen werden, wie z. B. bei der Vierstrahlröhre von Siemens. Für alle vier Strahlen wird ein gemeinsames Zeitablenkplattenpaar verwendet. Die einzelnen Strahlen werden mit Hilfe einer Mehrfachzylinderlinse ausgeblendet und fokussiert. Die dann folgenden vier Ablenkplattenpaare für die Y-Richtung sind für unsymmetrischen Betrieb ausgelegt, während die für alle Strahlen gemeinsame Horizontalablenkung der anodennahen X-Platten symmetrisch erfolgen muß [4].

4.4. Speicheroszillograf

Für die „Speicherung" von Schirmbildern kommen bei den bis jetzt beschriebenen EO-Typen aufsetzbare Fotoeinrichtungen und Registrierkameras in Frage. Die fotografische Schirmbildaufnahme bietet die Möglichkeit der Vervielfältigung und Dokumentierung sowie der jederzeitigen Verfügbarkeit und Auswertemöglichkeit. Ihr Nachteil ist die Verzögerung der Oszillogrammvorlage durch die fotografische Entwicklung und Kopierung. Wo diese stört, bietet sich der Speicheroszillograf an. Das Schirmbild läßt sich damit bis zu mehreren Tagen speichern und direkt durch Nachzeichnen auswerten. Die Bildspeicherung wird auch genutzt, wenn es gilt, einmalige Vorgänge sofort zu diskutieren oder für die vorbereitete fotografische Aufnahme auszuwählen. Ein weiteres Anwendungsgebiet für den Speicher-EO ist die Darstellung sehr langsamablaufender, einmaliger Vorgänge, z. B. von Übergangsfunktionen. Diese können direkt auf dem Bildschirm ausgewertet oder nachgezeichnet werden.

Das Speicheroszilloskop OG2-21 nach Bild 6 ist sowohl zur Speicherung von langsam- als auch von schnellablaufenden Signalen geeignet. Es ist in Einschubtechnik aufgebaut und durch den eingebauten elektronischen Schalter als Dualoszilloskop einsetzbar. Weitere feste Baueinheiten sind für die X- und Y-Verstärkung sowie für die Speicherung und Stromversorgung vorgesehen. Wechseleinschübe sind die Vorverstärker BV-80 und der Kippgenerator KG-81. Die Speicherröhre B 13 S 11 hat zwei Strahlsysteme, das Schreibstrahl- und das Lesestrahlsystem. Bei gesperrtem Lesestrahl und anderen Betriebsparametern kann die B 13 S 11 als normale Oszillografenröhre betrieben werden. Das gilt auch für die sonstige Geräteausrüstung und das Betriebsverhalten, wie Meßverstärker BV-80, Kippgenerator KG-81, Zeitdehnung, Trigger- und Koordinatenbetrieb usw. Mit diesen bereits an anderer Stelle beschriebenen Eigenschaften ist der Speicheroszillograf ein in der BMSR-Technik vielfältig einsetzbares Meß- und Registriergerät. Die Einschubbauweise des OG2-21 nach Bild 6 begünstigt diese Vielfalt noch.

4.5. Serviceoszillograf

Normal- und Spezialoszillografen sind in erster Linie für Labors und Prüffelder sowie für Lehre, Forschung und Entwicklung gedacht. Ihre Größe und Masse sowie ihr verhältnismäßig großer Leistungsumsatz, aber auch ihr Preis und ihre Kompliziertheit machen sie für den Einsatz in Werkstätten und auf Bauplätzen ungeeignet. Für Kontrollaufgaben und die Fehlersuche in BMSR-Geräten und -Anlagen lassen sich ihre hochwertigen technischen Daten und sonstigen Vorzüge oftmals auch gar nicht nutzen. Die meisten Meß- und Kontrollaufgaben beim Bau sowie bei der Überwachung und Betreuung von BMSR-Geräten und -Anlagen kann der Serviceoszillograf übernehmen. Die technischen Daten dieser Geräte wurden in den letzten Jahren immer mehr verbessert und erweitert, so daß sie zunehmend, z. B. auch in Entwicklungslabors, eingesetzt werden. [9].

Der VEB TPW Thalheim brachte in den letzten Jahren mehrere Servicetypen heraus. Das Serviceoszilloskop EO 1/73 nach Bild 23 wiegt etwa 6 kg und hat die Abmessungen 312 mm × 146 mm × 226 mm. Der Leistungsumsatz beträgt etwa 55 W. Der Meßverstärker kann in seinen Hauptdaten den Meßaufgaben angepaßt werden. Bei der größten Verstärkung beträgt die Bandbreite 5 Hz bis 750 kHz, bei der kleinsten 0 bis 5,5 MHz. Mittels Tastkopfes kann die Eingangsimpedanz auf 10 MΩ und 3 pF erhöht werden. Die Spannungsteilung ist dabei 100 : 1. Dadurch sind Messungen auch an hochohmigen Meßobjekten möglich. Die Zeitablenkung ist dehn- und triggerbar. Der Frequenzbereich liegt bei 5 Hz bis

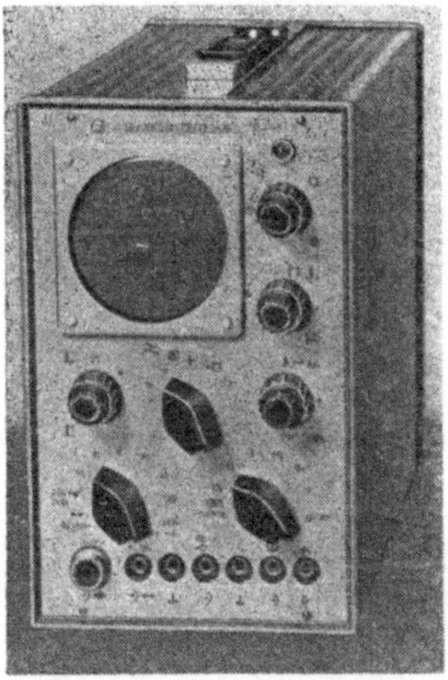

Bild 23. Service-Oszilloskop EO 1/73 (Werkfoto: VEB Technisch-Physikalische Werkstätten Thalheim)

500 kHz. Der Strahlhinlauf wird hellgesteuert. Für Hell-Dunkel-Modulation ist eine Spannung von 10 V erforderlich. Der Modulationsbereich beträgt 50 Hz bis 10 MHz. Der EO 1/73 besteht aus fünf Baueinheiten. Diese sind in einem Gehäuse in Schalenbauweise untergebracht. Die Verbindung der einzelnen Baugruppen erfolgt durch eine leichte Stahlblechkonstruktion [18]. Der Service-EO soll kein Universalgerät sein, sondern sich immer mehr als „Multizet" und „Probierlampe" des BMSR-Technikers einführen!

4.6. Spezialausführungen

Außer den allgemeinen Oszillografentypen gibt es noch Spezialausführungen sowie von der Industrie angebotene elektronische Prüf- und Kontrollgeräte mit eingebauten EO-Teilen. Was den Spezial-EO betrifft, so zeigt Bild 24 den sog. Universal-Indikator von Disa für das Messen von mechanischen Größen. Zu der Gesamtmeßanlage gehören ein umfangreiches Meßfühlersortiment sowie mehrere Zusatzgeräte für Dehnungs- und strömungstechnische Messungen (Abschnitt 7.9.).
In spezielle Schwingungsmeßgeräte ist auch oftmals ein spezieller EO-Teil eingebaut (Bild 65). Zu solchen Geräten gehört ebenfalls ein größeres Meßfühlersortiment. Auch in Geräten der medizinischen Elektronik, z. B. in Elektrokardio- und -encephalografen sieht man neben einem Mehrkanallichtstrahl-Oszillografen oder -direktschreiber noch ein EO-Teil für visuelle Beobachtungen und Auswertungen vor. Umfangreiche Kreislaufuntersuchungsgeräte und -anlagen haben den EO-Teil gelegentlich auch als unabhängiges Zusatzgerät.

Bei der Spektralanalyse und dem dafür notwendigen Funkenerzeuger interessiert der zeitliche Verlauf des Entladevorganges in dem mit wählbaren *R*-, *L*- und *C*-Gliedernausgestatteten Hochspannungsschaltkreis. Die Zeitablenkung ist konstant und wird ähnlich wie nach der Schaltung in Bild 15 gewonnen. Da die Meßspannung infolge ihrer Größe direkt an die Ablenkplatten gelegt werden kann, ist ein derartiger EO-Teil sehr einfach aufgebaut. Stellorgane sind nur für Helligkeit und Schärfe erforderlich.

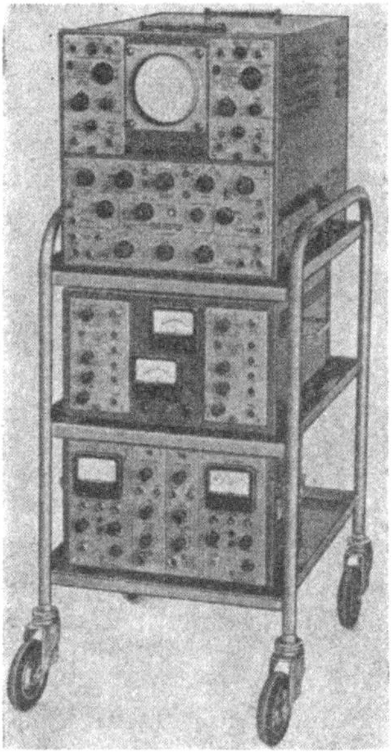

Bild 24. Universal Indikator 51 B 00 mit Zusatzgeräten für Dehnungsmessung (Werkfoto: Disa Elektronik A/S Herlev/Dänemark)

Ganz spezielle EO-Geräte sind der Ferrograf und der Selektograf. Der Ferrograf dient zur Untersuchung und Darstellung ferromagnetischer Werkstoffeigenschaften. Meistens geht es um das Schreiben der Hysteresisschleife, d. h. um die Darstellung in H-B-Koordinaten (Bild 33). Wird mit Doppelstrahl gearbeitet, so können auch die Koordinatenachsen mitgeschrieben werden. Der Selektograf ist ein frequenzmodulierter Sender mit weiteren Einheiten. Er dient zur Sichtbarmachung der Durchlaßkurve von frequenzabhängigen Vierpolen, wie Filter, Verstärker und Empfangsgeräte sowie zum Abgleich der letztgenannten. Dabei wird die Amplitude, der Verstärkungsfaktor oder die Ausgangsspannung als Funktion der Frequenz geschrieben, so daß sich z. B. ein Kurvenzug, wie auf Bild 26 (Bandfilterkurve), ergibt. Der eingebaute Zeitmarkengenerator gestattet das Einblenden von Marken und damit die Frequenzauswertung [1].

Zur Bestimmung der indizierten Leistung von Kolbenmaschinen muß der Druckverlauf im Verbrennungsraum als Funktion des Kurbelwinkels oder des Kolbenweges aufgeschrieben werden. Dabei ergibt sich ein Kurvenzug nach Bild 25. Auch zur Aufzeichnung eines solchen Indikatordiagramms eignet sich die Braunsche Röhre. Mit einem Doppelstrahl-EO lassen sich noch die Koordinaten Druck und Weg bzw. Winkel darstellen.

Für den Frequenz- oder Phasenvergleich sind hochwertige Meßeinrichtungen oftmals mit EO-Teil ausgerüstet. Beim Spannseitenmeßverfahren (Abschnitt 7.9.) z. B. wird die Frequenzgleichheit von Meß- und Vergleichseite mittels Lissajouscher Figur auf dem Schirm einer Braunschen Röhre kontrolliert. Auch die verschiedensten Wechselstrommeßbrücken haben oftmals eine kleine Oszillografenröhre mit 20 oder 40 mm Schirmdurchmesser als Indikator. Mit dieser ist es möglich, den Abgleich nach Amplitude und Phase genau zu trennen.

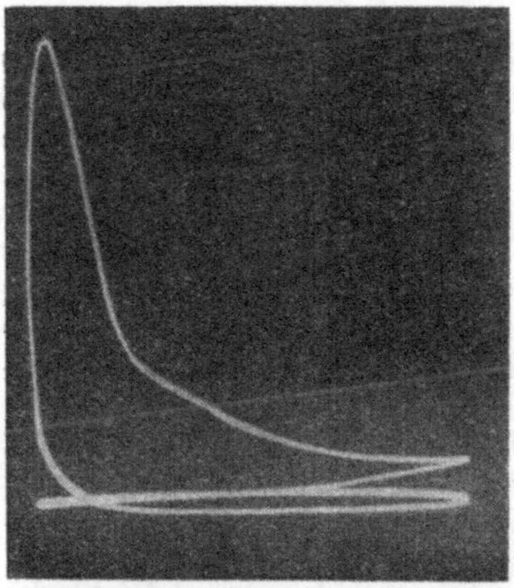

Bild 25. Indikatordiagramm einer Kolbenkraftmaschine

Bild 26. Bandbreiten- und Durchlaßkurvenkontrollgerät (Privatfoto)

Die bis jetzt erwähnten EO-Spezialausführungen sind oder gehören zu Serienerzeugnissen, die von der Industrie angeboten werden. Es gibt jedoch Anwendungsfälle, denen die handelsüblichen Geräte nicht entsprechen. Entweder ist die geforderte Funktion so simpel, daß selbst ältere Service-EO noch zu universell oder zu teuer sind oder der geforderte Einsatz ist so speziell, daß es hierfür kein Angebot gibt. In solchen Fällen wird vielfach zum Selbstbau übergegangen. Gilt es z. B. die Kurvenform der Netzwechselspannung oder eines Impulses mit konstanter 50-, 100- oder 200-Hz-Folgefrequenz zu beobachten, so wäre ein handelsüblicher EO zu schade und zu teuer sowie für einen Dauerbetrieb zu störanfällig, während ein bis auf die Oszillografenröhre nichtelektronisches Gerät nach Bild 17b alle Anforderungen erfüllt. Ähnlich einfache Geräte lassen sich für Frequenz-, Phasen-, Modulations- und Demodulationskontrolle sowie zur Sichtbarmachung der Schwingungen des Tonfrequenzbereichs bauen. Bei geforderter variabler Zeitbasis genügt ein Einröhren- oder transistorisiertes Kippgerät. Bild 26 zeigt ein einfaches Bandbreiten- und Durchlaßkurvenkontrollgerät für den Übertragungskanal einer Trägerfrequenzmeßanlage. Ein Selektograf wäre hierfür zu teuer und zu aufwendig.

5. Zusatzgeräte

5.1. Elektronischer Schalter

Der Zweck des elektronischen Schalters in der Elektronenstrahl-Oszillografie ist das periodische Schalten von zwei Eingangskanälen auf einen Ausgangskanal und damit die Umsetzung eines Einstrahlsystems in ein Doppelstrahlsystem. Der elektronische Schalter hat als selbständiges Gerät zwei meist gleichwertige Breitbandverstärker und einen selbstschwingenden Multivibrator. Der Multivibrator steuert die beiden Verstärker, so daß jeweils für eine kurze Zeit abwechselnd einer offen und einer gesperrt ist. Dadurch wird ebenfalls abwechselnd einmal der eine und einmal der andere Vorgang auf dem Bildschirm geschrieben. Die Schaltfrequenz ist einstellbar und kann den darzustellenden Vorgängen angepaßt werden. Gebräuchliche Schaltfrequenzbereiche liegen zwischen 2 Hz und 500 kHz. Eine zusätzliche Höhenlageeinstellung gestattet, die beiden Kanäle und damit die beiden Aufzeichnungen vertikal gegeneinander zu verschieben. Ältere Typen, wie z. B. der ELS-812 (Zwönitz) ließen sich nur im NF-Gebiet (50 Hz bis 15 kHz) einsetzen. Von einem modernen Gerät dagegen werden HF- oder gar Impulseigenschaften verlangt. Der ES2-1 des VEB Meßelektronik z. B. hat Übertragungskanäle von 2 Hz bis 1 bzw. bis 10 MHz und einen Schaltbereich von 200 Hz bis 200 kHz. Auch alle anderen Daten sind der Impuls- und BMSR-Technik angepaßt [18].
Bei einigen EO-Typen des VEB Meßelektronik ist ein elektronischer Schalter eingebaut oder als wechselbarer Geräteeinschub vorgesehen. Auch der ES2-1 ist als Wechseleinschub ausgebildet. Als separates Gerät kann er in ein Gehäuse mit Netzteil eingesetzt werden.
Wichtig ist beim Einsatz von elektronischen Schaltern die Wahl der Schaltfrequenz. Bei periodischen Vorgängen ist das weniger kritisch als bei einmaligen. Es ist anzustreben, sie bei periodischen Vorgängen gleich

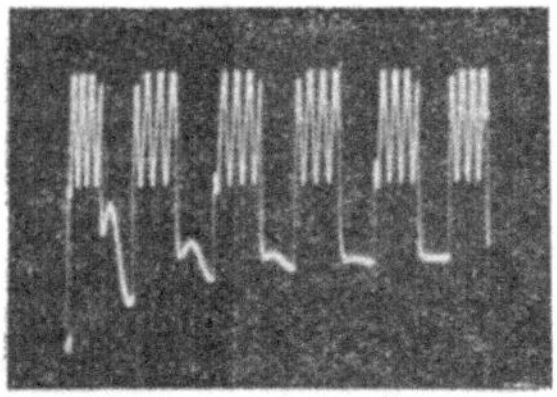

a)

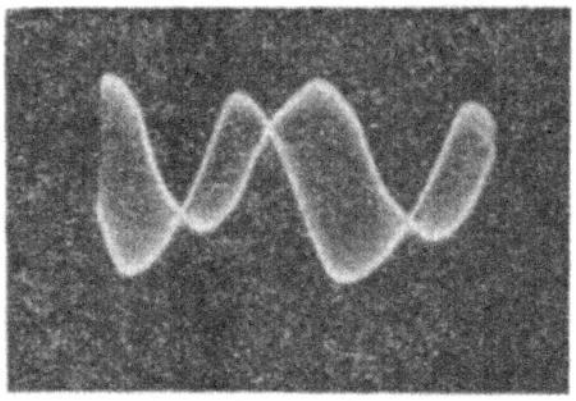

b)

Bild 27. Doppelstrahloszillogramme mittels elektronischer Umschaltung

a) zu tiefe Schaltfrequenz
b) zu hohe Schaltfrequenz

der Kippfrequenz zu machen und bei einmaligen Vorgängen so hoch zu wählen, daß der Zusammenhang des Kurvenzuges gewährleistet ist. Bild 27 zeigt zwei Beispiele mit absichtlich etwas ungünstig gewählter Schaltfrequenz. In Bildteil *a* überträgt der eine Kanal eine gedämpfte Schwingung (unten) und der andere eine Vergleichsfrequenz. Durch die ungünstige Schaltfrequenz werden beide Kurvenzüge zerstückelt. Die Schaltfrequenz müßte also höher liegen, damit der Zusammenhang besser zu erkennen ist. Im Bildteil *b* werden zwei Spannungen von einer aus Wirk- und Blindwiderständen bestehenden Schaltung dargestellt. Dabei wurde die Schaltfrequenz sehr hoch angesetzt, wie auch an der Punktfolge der Rücklaufansätze zu sehen ist. Es kann dabei, wie die Kurvenzüge zeigen, zu einem leichten „Verwaschen" kommen, das aber die Auswertung nicht beeinträchtigt. Ein einwandfreies Doppelstrahloszillogramm zeigt Bild 14. Der Dreifachkurvenzug nach Bild 15a wurde mittels Zweistrahlröhre und Elektronenschalters geschrieben.

5.2. Zeitmarkengenerator

Bei den von der Sinusform oder einer anderen regelmäßigen und symmetrischen Kurvenform abweichenden Signalen ist es oftmals notwendig, die einzelnen Signalabschnitte zeitlich auszumessen. Das kann zwar annähernd über den eingestellten Zeitmaßstab der Horizontalablenkung geschehen, bereitet jedoch besonders bei sehr steilen Kurvenstücken Schwierigkeiten, zumal der Zeitmaßstab nur in seinen Grobstufen hinreichend genau bekannt ist. Bei Benutzung der Feineinstellung kann die

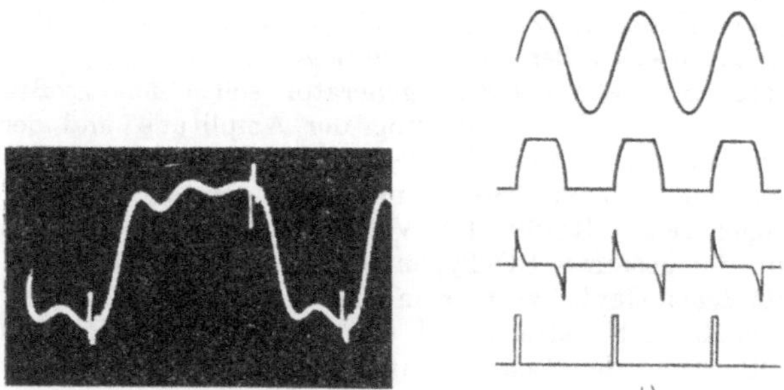

a) b)

Bild 28. Y-Modulation durch Zeitmarken

a) Übergangsverhalten eines Vierpols

b) Gewinnung von Zeitmarken aus sinusförmiger Spannung

Zeit für den Strahlhinlauf meistens nur geschätzt werden. Für genaue Zeitmessungen wird deshalb der Zeitmarkengenerator benutzt. Die Marken werden fast immer als Hell- oder Dunkelimpulse über die Katode oder den Wehneltzylinder aufmoduliert, so daß sich eine Darstellung nach Bild 4 ergibt. Der Zeitabstand der Hell- bzw. Dunkelmarken ist bekannt und konstant, so daß eine verhältnismäßig genaue Zeitanalyse möglich ist. Anstatt der sog. *Z*-Modulation kann auch mit *Y*-Modulation gearbeitet werden. Dabei wird der Impuls der Meßspannung überlagert. Es ergibt sich dann eine Darstellung nach Bild 28a. Das Oszillogramm zeigt das dynamische Verhalten eines Vierpols.

Die Erzeugung der Zeitmarken kann auf zweierleiweise erfolgen. Entweder werden die Impulse direkt mit einem selbstschwingenden Multivibrator erzeugt oder sie werden mittels *RC*- oder *LC*-Generator sinusförmig gewonnen und dann verformt. Wie diese Verformung geschieht, zeigt Bild 28b. Die sinusförmige Spannung erhält durch Übersteuern einer Verstärkerstufe eine rechteckähnliche Form und wird anschließend

gleichgerichtet. Durch Differentation ergeben sich positive und negative Impulse, die durch Diodenweichen beschnitten und hinsichtlich der Polarität wahlweise positiv oder negativ eingesetzt werden können.
Der Markengenerator MS 90 des VEB Meßelektronik ist als Wechseleinschub für die EO-Typen OG1-12, OG1-13 und OG2-10 vorgesehen. Als separates Gerät läßt er sich in ein Gehäuse mit Netzteil einsetzen. Er dient zur Erzeugung von neun festen Zeitmarken von 100 µs bis 10 ns bzw. von 10 kHz bis 100 MHz. Die Amplitude ist $\geqq$ 7 V.

5.3. Rechteckwellengenerator

Zur Bestimmung der Übertragungseigenschaften von aktiven und passiven Vierpolen kann eine Rechteckspannung an den Eingang des Vierpols gelegt und die Ausgangsspannung mit einem EO sichtbar gemacht werden. Aus der Verformung der Rechteckspannung lassen sich die Übertragungseigenschaften des Vierpols bestimmen und seine Kenngrößen ermitteln. Wichtig ist, daß der EO bzw. sein Meßverstärker die Rechteckwellen nicht zusätzlich verformt. Die obere Grenzfrequenz des verwendeten EO muß deshalb mindestens eine Größenordnung über der zu erwartenden des Vierpols liegen. Die Bilder 5, 12, 13, 14 und 49 zeigen Beispiele über die Verformung von Rechteckwellen durch Vierpole.
Ein vielseitig einsetzbarer Rechteckwellengenerator soll einen großen Frequenzbereich haben sowie die Einstellung der Amplitude und des Tastverhältnisses ermöglichen. Unter Tastverhältnis wird das Zeitverhältnis des positiven und negativen Spannungsanteils verstanden.
Der Rechteckwellengenerator RS-90 des VEB Meßelektronik ist als Wechseleinschub für die gesamte EO-Typenreihe dieses Betriebes vorgesehen. Als selbständiges Gerät wird er in ein Gehäuse mit Netzteil gebracht. Der Frequenzbereich erstreckt sich von 20 Hz bis 500 kHz. Die Spannung ist einstellbar und das Tastverhältnis konstant [18].

5.4. Doppelimpulsgenerator

Für ganz spezielle Messungen, z. B. Linearitäts-, Reflexions-, und Koinzidenzmessungen sowie für Verdeckungserscheinungen in der Verstärker- und Impulstechnik wird mit Doppelimpuls gearbeitet. Dabei werden zwei Rechteckimpulse erzeugt, die in ihrer Polarität, Amplitude und Dauer sowie in ihrem Abstand zueinander einstellbar sind. Die Erzeugung der Rechteckimpulse geschieht unabhängig voneinander.
Der Doppelimpulsgenerator IS2-5 des VEB Funkwerk Köpenick kann intern und extern durch Taste und durch Triggerung ausgelöst werden. Die externe Folgefrequenz kann 0 bis 20 kHz entsprechend einem Zeitabstand von ∞ bis 50 µs und die interne 50, 75, 100, 200 und 500 µs betragen. Die Breite beider Impulse ist in acht Stufen von 0,1 bis 12 µs einstell- und die Polarität wählbar. Außerdem sind verschiedene Modulationen, Verzögerungseinstellungen und Anpassungen möglich [18].

5.5. Verzögerungsgenerator

Der Verzögerungsgenerator gestattet die Zeitdehnung einzelner Abschnitte eines Vorganges (s. 2.7.). Zur Verwirklichung dieser Methode

sind ein Verzögerungsgenerator und ein triggerbares Kippgerät erforderlich. Der Verzögerungsgenerator dient zur Erzeugung definierter Auslöseimpulse mit Sägezahnform. Sind die Zeitdauer des Teilvorganges und sein Zeitabstand vom Beginn des Gesamtvorganges bekannt, so lassen sich Verzögerungsgenerator und Kippgerät auf diese Werte einstellen. Nach Ablauf der Verzögerungszeit wird das auf Triggerung geschaltete Kippgerät durch den Verzögerungsimpuls ausgelöst und der Teilvorgang selbständig und vollständig abgebildet. Die Auslösung kann intern und extern erfolgen. Geeignet sind die Flanken von Spannungssprüngen sowie sinusförmige Impulse. Der Auslöseimpuls wird einer Komparatorstufe zugeführt und in einem Schmitt-Trigger in die eigentliche Form gebracht.
Der Verzögerungsgenerator DT-90 des VEB Meßelektronik ist als zusätzlicher Geräteeinschub für die EO-Reihe vorgesehen. Als separates Gerät wird er in ein Gehäuse mit Netzteil gebracht. Der Verzögerungsbereich erstreckt sich von 200 ns bis 5 s [18].
Bei dieser Gelegenheit soll auch der Einsatz von Verzögerungsleitungen bzw. -vierpolen erwähnt werden. Besteht die Gefahr, daß bei einmaligen Vorgängen deren Anfangsphase, z. B. eine steile Flanke, durch verzögerte Auslösung des Kippgenerators nicht richtig oder nicht vollständig abgebildet wird, so kann das abzubildende Meßsignal durch ein spezielles Netzwerk verzögert werden. Dadurch wird der Start der Zeitablenkung gegenüber dem Meßspannungsstart um die Verzögerungszeit vorverlegt.

5.6. Meßmarkengeber

Der Meßmarkengeber ist ein spezieller Meßgenerator. Er dient zur Einblendung von je zwei einstellbaren Meßmarken, mit deren Hilfe sich ein Meßsignal nach Amplitude und Zeit auswerten läßt. Nach Analog-Digital-Umsetzung kann der Abstand der Meßmarken in beiden Ablenkrichtungen durch eine dreiziffrige Zahlenreihe in V, mV oder µV bzw.

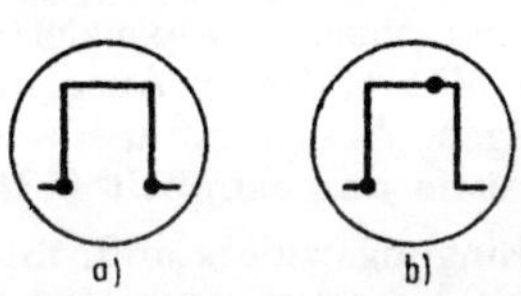

Bild 29. Signalmessung mit Meßmarkengeber
a) Zeitmessung
b) Amplitudenmessung

in s, ms oder µs angezeigt werden. Bild 29 veranschaulicht prinzipiell das Einblenden der Meßmarken zum Zwecke der Zeitmessung *a* und der Amplitudenmessung *b*. Der Meßmarkengeber erleichtert besonders die Auswertung von zusammengesetzten Signalen und Impulsgruppen.
Der als Meßbildgeber bezeichnete Meßmarkengeber MB-80 des VEB Meßelektronik wurde als wechselbarer Geräteeinschub für den EO-Typ OG-18 entwickelt. Von ihm wird eine konstante Rechteckspannung entnommen, die sowohl für die Ablenkung in *Y*- als auch in *X*-Richtung die Meßbasis bildet. Für beide Ablenkrichtungen ist für die Meßgrößeneinstellung jeweils ein zehngängiges Wendelpotentiometer mit dreistelligem Anzeigegetriebe vorgesehen. Die Dimensions- und Kommaumschaltung

erfolgt automatisch mit dem Spannungsteiler in Y- und mit dem Zeitbasisschalter in X-Richtung [18].
In modernen EO ist oftmals ein Vergleich-Rechteckspannungsgenerator eingebaut. Mit diesem kann ein abzubildendes Signal nach seiner Amplitude bestimmt werden. Ein solcher Oszillator eignet sich aber auch zur Justierung und Kontrolle des Tastteilers (Spannungsteiler des Tastkopfes). Der Abgleich dieser Tastteiler erfolgt z. B. vom Hersteller der Service-EO mit 5 kHz-Rechteckspannung. Es ist leicht, einen solchen Generator für Vergleichmessungen nachträglich z. B. in die EO-Service-Typen einzubauen [10].

5.7. Spezialverstärker

Nicht immer gestatten Universaloszillografen ganz spezielle Messungen, z. B. von sehr schmalen Impulsen mit hoher Folgefrequenz. Handelt es sich um häufige Messungen, so ist bei gerechtfertigtem Aufwand ein Spezial-EO in Erwägung zu ziehen. Oftmals genügt aber schon der Einsatz eines speziellen Verstärkers mit entsprechend hoher Grenzfrequenz.

Der Impulsverstärker IV-10 des VEB Funkwerk Köpenick z. B. gestattet Impulsmessungen mit einem Spektrum von 5 Hz bis 7 MHz. Dieser Verstärker ist für die EO-Typen OG1-8, OG1-9 und OG1-10 vorgesehen und besonders für Reflexionsmessungen geeignet. Bei einmaligen Vorgängen kann dem Verstärker ein Auslöseimpuls entnommen werden. Eine Mischstufe am Eingang des Verstärkers gestattet die Addition von zwei zusätzlichen Signalen zum Meßsignal. Der gewünschte Verstärkungsgrad kann kontinuierlich eingestellt werden [18].
Ist die Differenz zweier Spannungen zu oszillografieren, so ist dafür am besten ein Differenzverstärker geeignet. Der Differenzverstärker DV-90 des VEB Meßelektronik ist ein Vorverstärker. Er ist als Wechseleinschub für die EO-Typen OG1-12, OG2-10 und OG1-13 bestimmt und kann wahlweise für X- oder Y-Ablenkung eingesetzt werden. Als separates Gerät läßt sich der DV-90 in ein Gehäuse mit Netzteil bringen. Seine Bandbreite beträgt 0 bis 1,5 MHz. Die zur Differenzbildung vorgegebenen Spannungen werden über kalibrierte und phasenkompensierte Abschwächer einem symmetrischen Verstärker zugeführt, dessen Ausgang unsymmetrisch ist. Zur Erzielung einer niedrigen Ausgangsimpedanz wird die Signalspannung von einer Anodenbasisstufe ausgekoppelt [18].

Spezielle Verstärker gibt es mit extrem hohem Eingangswiderstand, mit sehr großer Verstärkung, mit sehr großer Bandbreite, mit besonders guter Linearität, mit sehr geringem Eingangsrauschen sowie mit weiteren besonders gekennzeichneten Meßeigenschaften.

5.8. Frequenzmodulierter Sender

Der frequenzmodulierte Sender — auch Wobbler genannt — dient zur Untersuchung frequenzabhängiger Widerstände und Netzwerke. Er erspart die zeitraubende punktweise Aufnahme von Frequenzkennlinien sowie von Resonanz- und Durchlaßkurven mittels einstellbaren Meßsenders. Die Frequenzvariation erfolgt selbsttätig und periodisch. Zur Durchführung der Modulation liegt dem frequenzbestimmenden Schwingkreis eine Elektronenröhrenstufe in Blindwiderstandsschaltung parallel.

Es ist auch möglich, hierfür eine Kapazitätsdiode einzusetzen. Die Zeitfunktion der Frequenzmodulation entspricht der Zeitfunktion der steuernden Spannung, z. B. dem Kippspannungsverlauf des verwendeten Anzeige-EO. Dieser schreibt direkt den Scheinwiderstandsverlauf $Z = f(\omega)$ des zu untersuchenden Vierpols als Funktion der Frequenz.

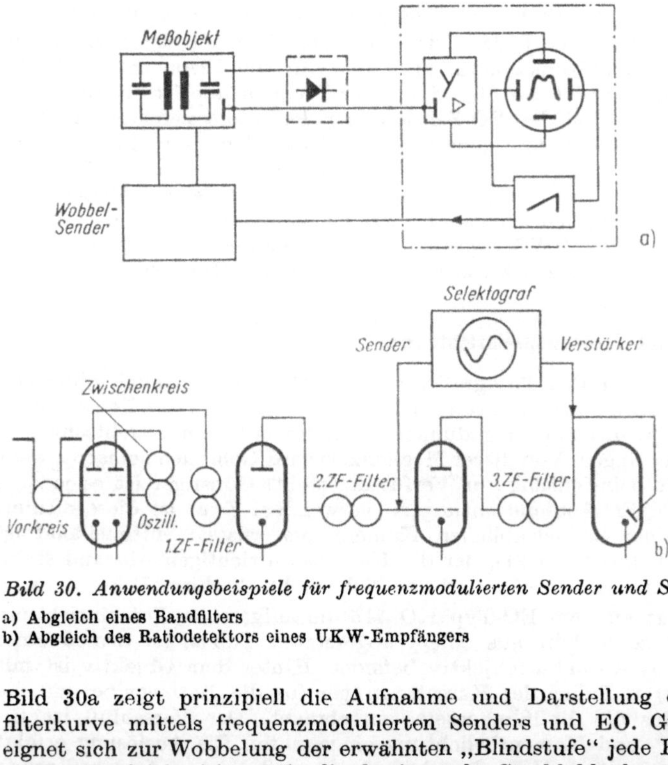

***Bild 30.** Anwendungsbeispiele für frequenzmodulierten Sender und Selektograf*

a) Abgleich eines Bandfilters

b) Abgleich des Ratiodetektors eines UKW-Empfängers

Bild 30a zeigt prinzipiell die Aufnahme und Darstellung einer Bandfilterkurve mittels frequenzmodulierten Senders und EO. Grundsätzlich eignet sich zur Wobbelung der erwähnten „Blindstufe" jede Kurvenform, wenn sie gleichzeitig auch die horizontale Strahlablenkung bestimmt. Zweckmäßigerweise wird aber die Kippspannung des verwendeten EO benutzt, wie auch Bild 30a zeigt. Die gewobbelte Frequenz wird an den Eingang des zu messenden Bandfilters gelegt und der Ausgang dem *Y*-Verstärker des EO zugeführt. Da die Bandfilterkurve spiegelbildlich geschrieben würde, wird zwischen Filter und EO ein Meßgleichrichter geschaltet.

Da für die Kurvendarstellung stets ein Wobbler mit einem EO zusammenarbeiten muß und für Meßzwecke auch noch ein Meßmarkengeber erforderlich ist, wurden Gerätetypen geschaffen, die alle drei Teilgeräte in einem Gerät vereinigen. Der Selektograf SO 80 des VEB Technisch-Physikalische-Werkstätten z. B. gestattet das elegante und schnelle Abgleichen von Einzelkreisen, Filtern, selektiven Verstärkern, Ratiodetektoren und ganzen Empfängern. Er hat die Frequenzbereiche 0,1 bis

1,7; 5,8 bis 16 und 85 bis 102 MHz. In den Lücken der Bereiche kann noch mit entsprechenden Harmonischen gearbeitet werden. Die Zwischenfrequenzen 468 kHz und 10,7 MHz sind besonders markiert. Bild 30b zeigt prinzipiell den Abgleich des Ratiodetektors eines UKW-Empfängers. Entsprechende Beispiele ließen sich für den Abgleich von Bauteilen, AM- und FM-Vorkreisen, AM- und FM-ZF-Verstärkern, Oszillatoren usw. angeben [18]. Besonders wichtig für die Meßdynamik und Regelungstechnik ist die Aufnahme von Frequenzkennlinien (Abschnitt 7.8.).

Der Breitbandwobbler BWS 1 des VEB Meßelektronik ist ebenfalls ein selbständiger Wobbelmeßplatz, und zwar für die Frequenzbereiche 0,5 bis 300 MHz und 470 bis 800 MHz. Der Frequenzhub ist einstellbar, so daß ähnlich wie bei der EO-Zeitdehnung der interessierende Abschnitt vergrößert dargestellt und genau untersucht werden kann. Da der Sichtteil mit einer Fernsehbildröhre mit 43 cm Diagonale ausgerüstet ist, besteht eine gute Auswertemöglichkeit. Die wahlweise im Abstand von 1, 10 oder 50 MHz einschaltbaren Frequenzmarken gestatten eine gute Meßabtastung. Der BWS 1 gestattet die Aufnahme der Frequenzcharakteristiken von beliebigen Zwei- und Vierpolen [18] (Bild 59).

5.9. Foto- und Projektionseinrichtungen

Grundsätzlich ist das Fotografieren von Schirmbildern auch ohne eine besondere Aufnahmeeinrichtung möglich. Es genügt, das lichtempfindliche Material in einem abgedunkelten Raum mit dem Leuchtschirm in Kontakt zu bringen. Von dieser Möglichkeit wird Gebrauch gemacht, wenn keine EO-Fotoeinrichtung zur Verfügung steht. Günstiger ist es jedoch, eine spezielle EO-Fotoeinrichtung zu verwenden. Zwar ist diese oftmals auch mit einer handelsüblichen Kamera ausgerüstet; entscheidend ist jedoch der Tubus (Bild 21), der die Kamera im richtigen Abstand stabil vor dem Leuchtschirm hält und das Nebenlicht abschirmt.

Bild 19 zeigt an dem EO-Typ KO 715 die aufgesetzte Fotoeinrichtung FE 711. Diese besteht aus einem abgesetzten Tubus, an dessen einer Seite sich das Aufnahmeobjektiv befindet. Hinter dem Objektiv ist mit einem weiteren Tubus der Kassettenträger für die Mattscheibe und die Platten- oder die Rollfilmkassette angebracht. Der Verschluß ist für Zeit-, Dauer- und Momentbelichtung eingerichtet. Die Auslösung erfolgt durch Drahtauslöser. Vor der Aufnahme muß der zu fotografierende Kurvenzug nach Amplitude, synchronisierter Zeitauflösung, Helligkeit und Schärfe richtig eingestellt werden. Dann wird die Fotoeinrichtung aufgesetzt bzw. eingedreht und der Kassettenschieber herausgezogen. Bei gut synchronisiertem Bild beträgt die Belichtungszeit 1/10 bis 1/25 s. Von Nachteil ist bei diesem Typ, daß das Bild nicht bis zuletzt beobachtet werden kann. Modernere Geräte sind deshalb oftmals mit einem entsprechend ausgebildeten Zwischentubus und einer Lupe für dauernde Beobachtung ausgerüstet (Bild 22). Bei Spiegelreflexkameras ist die Beobachtung auch ohne diesen Zusatz erleichtert. Das Fotografieren periodischer Kurvenzüge bereitet keine Schwierigkeiten. Schwieriger ist es bei einmaligen Vorgängen, da Meßvorgang, Zeitauflösung, Verschlußsteuerung und evtl. die Helligkeitssteigerung durch Strahlnachbeschleunigung synchronisiert sein müssen. Moderne EO-Fotoeinrichtungen be-

sitzen entsprechende Kontakteinrichtungen. Da die Entwicklung und Kopierung einen Zeitverlust für die Bildauswertung bedeutet, versucht man diese durch den Einsatz spezieller Fotomaterialien, die sofort ein positives Bild liefern, zu vermeiden. Neben Einzelregistriergeräten gibt es noch Fotoeinrichtungen mit Kameras für fortlaufende Registrierung. Die Laufkameras sind teils für Film und teils für Papier eingerichtet und auch für Einzelaufnahmen geeignet. Es gibt Ausführungen, z. B. die Philips Registrierkamera „Frequentophot I PP 1014", die im geeigneten Abstand vor dem Bildschirm aufgestellt wird und die sich deshalb auch für andere Verwendung eignet. Der Typ II PP 1021 ist noch universeller und komfortabler. Er ist für Bildschirmdurchmesser von 7 bis 16 cm gedacht und kann einen Papiervorrat von 50 m aufnehmen. Die Registrierung kann einmalig und fortlaufend erfolgen.
Projektionseinrichtungen gestatten die Betrachtung stark vergrößerter Leuchtschirmbilder. Sie werden angebracht und aufgesetzt wie Fotoeinrichtungen. Ihr Einsatz erfolgt in Verbindung von EO mit Nachbeschleunigungsbildröhre. Dadurch ist die Bildhelligkeit auch bei einer Bildfläche von einigen Quadratmetern, z. B. in größeren und etwas abgedunkelten Hörsälen, ausreichend. Der Abstand des EO von der Projektionsebene ist wählbar. Bei den Typen PE 711 und PE 721 für die Geräte auf den Bildern 19 und 11 kann der Abstand bis 4 m betragen. Die Scharfeinstellung des Objektes wird bei diesen Typen durch Verschiebung eines Rändelknopfes bzw. einer Rändelmutter am Tubus des Gerätes vorgenommen [18].

6. Grundmessungen

6.1. Lissajousche Figuren

Werden an beide Ablenkplattenpaare jeweils periodisch verlaufende Spannungen gelegt, so wird — unabhängig von ihrer Amplitude und Phasenlage sowie ihrer Zeitfunktion — ein geschlossener Kurvenzug geschrieben. Bei der Hysteresisschleife nach Bild 33 geht es um einen geschlossenen Kurvenzug, der von einer Sinusspannung und einer von der Sinusform abweichenden Spannung geschrieben wird. Der für die Meßtechnik besonders interessante Fall liegt vor, wenn an beiden Ablenkplattenpaaren sinusförmige Spannungen liegen (Bild 2d). Die von diesen geschriebenen Kurvenzüge werden als Lissajousche Figuren bezeichnet [1] bis [4] und [7]. Werden die Spannungen in ihrer Größe so gewählt, daß sich in beiden Ablenkrichtungen gleiche und konstante Amplituden ergeben, so wird das Kurvenbild besonders aussagekräftig, und die Form ist nur noch vom Frequenzverhältnis der angelegten Spannungen und ihrem Phasenwinkel zueinander bestimmt. Bei konstantem und ganzzahligem Frequenzverhältnis sowie gleichbleibendem Phasenwinkel kommen stillstehende Kurvenzüge zustande, die sehr genaue Frequenz-, Zeit- und Phasenwinkelmessungen gestatten. Aus sich bewegenden Figuren lassen sich Schlüsse über die Änderungstendenz dieser Größen ziehen. Beide Methoden und Kriterien werden in der BMSR-Technik genutzt [1] [6] [15]. Bei Meßfühlern und Meßverfahren für nichtelektrische Größen,

die z. B. mit Frequenzmodulation arbeiten, wird oftmals eine kleine Oszillografenröhre zum Beobachten von Lissajouschen Figuren für den Frequenz- und Phasenabgleich eingesetzt [RA 13] [5].
Zwei charakteristische Phasenbilderreihen zeigt Bild 31. Für Bildteil *a* gelten gleiche Frequenz und Schirmamplitude der Ablenkspannungen.

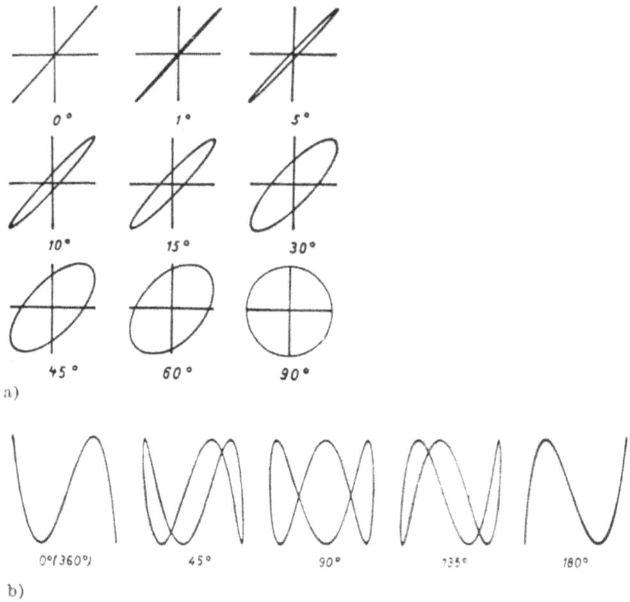

Bild 31. Lissajoufiguren bei verschiedenen Phasenwinkeln
a) Frequenzverhältnis 1 : 1
b) Frequenzverhältnis 3 : 1

Bei Bildteil *b* ist das Frequenzverhältnis 3 : 1. Die gleichen Figuren werden auch bei negativen Winkeln geschrieben, die betragsmäßig die angegebenen Winkelwerte zu 360° ergänzen. Bei Winkelwerten, die die angegebenen Phasenwinkel zu 180° ergänzen, entstehen zwar die gleichen Figuren, jedoch um 90° gedreht. Für diese Bilder gelten auch die negativen Winkelwerte, die betragsmäßig die Ergänzung zu 360° bilden [1].
Weiter ist möglich, Lissajousche Figuren als Frequenzbilder mit dem Phasenwinkel als Parameter aufzuzeichnen. Bild 32a zeigt das Beispiel mit $\varphi = 90°$. Da bei zusätzlichen Winkelunterschieden von 180° die gleichen Kurvenbilder geschrieben werden, kann die Winkeldifferenz 0° oder 180° durch Strahlmodulation gekennzeichnet werden. Gut geeignet ist hierfür eine sägezahnförmige Spannung. Bild 32b zeigt das Beispiel für das Frequenzverhältnis 2 : 1 (links $\triangleq$ 0°; rechts $\triangleq$ 180°). Bei einem Frequenzverhältnis > 10 drängen sich die Kurven an den Bildrändern stark zusammen, was auf den geradlinigen Strahlhinlauf und -rücklauf zurückzuführen ist. Durch leichte elliptische Strahlführung, die mittels einer kleinen Ergänzungsschaltung zur Horizontalablenkung zu erreichen

ist, kann die Übersicht und Schwingungsauszählung wesentlich erleichtert werden [1]. Es ist auch möglich, Lissajousche Figuren, z. B. zum Zwecke der Frequenzmessung, in Polarkoordinaten [$r = f\ (\varphi)$] darzustellen, wobei sich Zykloidenbilder ergeben [1].

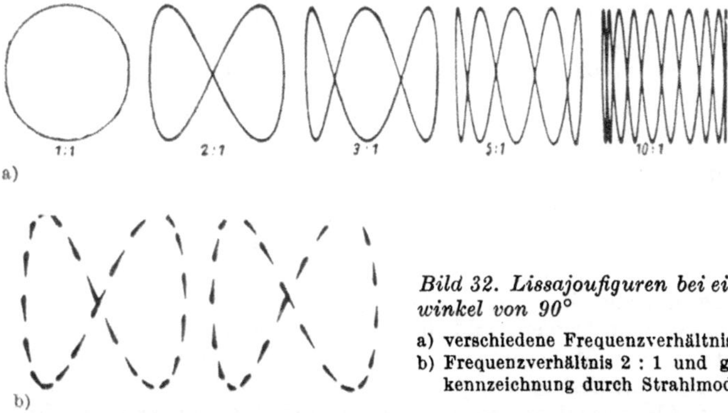

a)

b)

Bild 32. Lissajoufiguren bei einem Phasenwinkel von 90°

a) verschiedene Frequenzverhältnisse
b) Frequenzverhältnis 2 : 1 und genaue Phasenkennzeichnung durch Strahlmodulation

Das Berechnen und Auswerten von Lissajouschen Figuren, besonders in der Zykloidendarstellung, kann als „Wissenschaft für sich" bezeichnet werden. Für die Automatisierungstechnik kommen jedoch nur verhältnismäßig einfache Figuren in Frage.

6.2. Bildschirmeichung

Für die Auswertung von Schirmbildern sind Normalien für Amplitude und Zeit bzw. Frequenz erforderlich. Das Arbeiten mit Ablenkkonstanten zur Bestimmung von Meßspannungen ist zwar sehr einfach, aber oftmals nicht genau genug. Mit den Gln. (8) bis (15) wurde die Ablenkempfindlichkeit definiert und abgeleitet. Da jedoch die Meßspannung meistens über den Meßverstärker mit Eingangsabschwächer an die Ablenkplatten gelegt wird, nutzen die zitierten Gleichungen nur wenig. Die Ablenkwerte lassen sich zwar auch unter Berücksichtigung des Verstärkungsgrades und des Teilungsverhältnisses der Abschwächerstellung angeben. Jeder Verstärker unterliegt aber Alterungen und Streuungen und läßt sich nicht ohne größeren Aufwand absolut stabilisieren, so daß das Arbeiten mit Ablenkkonstanten als nicht in jedem Fall ausreichend eingeschätzt werden muß. Als oftmals störend wird — besonders bei Reihen- oder Serienmessungen im Prüffeld — das dauernde Achten auf den eingestellten Ablenkfaktor und das Multiplizieren mit ihm sowie die Amplitudenmessung auf dem Bildschirm empfunden. Deshalb ist günstiger, mit einem Spannungsnormal zu arbeiten und die angelegte Meßspannung durch eine Vergleichsspannung zu bestimmen. Diese läßt sich genau einstellen und messen und durch Umschalten wahlweise an den Verstärkereingang legen. Am geeignesten sind trapezförmige Vergleichsspannungen. Einfacher lassen sich aber Rechteckvergleichsspannungen erzeugen. Eine diesbezügliche Multivibratoreinheit läßt sich in jeden EO nachträglich einbauen [10]. Die Bildschirmeichung kann aber auch mit 50 Hz Sinusspannung durchgeführt werden. Es gibt hierfür bewährte Schaltungen und Kalibriereinrichtungen [1, 6]. Mit ihrer Hilfe wird z. B. durch mehrmaliges Umschalten die zu messende Amplitude oder der zu bestimmende Kurventeil durch eine genau meß- und einstellbare Spannung abgetastet.

Für das Eichen der Zeitablenkung bzw. des Frequenzmaßstabes gilt das im Abschn. 6.9. Erläuterte. Zur vorteilhaften Bestimmung von Amplitude und Zeit bzw. Frequenz zugleich ist der Meßmarkengenerator vorgesehen (Abschn. 5.6.).

6.3. Spannung

Die elektrostatische Ablenkung des Elektronenstrahls in der EO-Röhre erfolgt mittels des durch die Meß- und Zeitablenkspannung aufgebauten elektrischen Feldes. Die Oszillografenröhre ist deshalb von Natur aus ein Spannungsanzeiger. Zum Messen von Spannungen und zur Darstellung von Spannungszeitfunktionen sind daher keine Umformschaltungen oder sonstige zusätzliche Maßnahmen erforderlich. Um größere Vorzeichnungsfehler auszuschließen, ist es lediglich notwendig, statische Aufladungen der Ablenkplatten zu vermeiden und ihre elektrische Mitte auf Anodenpotential, d. h. meistens auf Masse, zu bringen. Mit der elektrischen Symmetrierung der Ablenkplatten wird meistens die Höhen- und Seitenverschiebung des Schirmbildes gekoppelt. Hierbei wird der Ablenkspannung ein Gleichspannungspotential unterlagert. Die Geräte sind hierfür mit verschiedenen Schaltungen ausgestattet. Die Bildverstellung erfolgt mittels Tandempotentiometers.

6.4. Strom

Der Strom als Meßgröße oder Zeitfunktion kann nur durch elektromagnetische Strahlablenkung direkt dargestellt werden. Das würde den Einsatz eines speziellen EO bedingen. Wird von einem Normal-EO ausgegangen, so ist notwendig, den Strom durch einen Widerstand oder eine Widerstandsschaltung in eine Spannung oder einen Spannungsverlauf umzuformen. Der Meßwiderstand, an dem die stromproportionale Meßspannung abfallen soll, muß linear und induktionsfrei sein und in seiner Größe der übrigen Meßschaltung angepaßt werden. Er darf die Funktion der Meßschaltung nicht stören und ihre elektrischen Größen nur unwesentlich ändern. In einer niederohmigen Schaltung mit zusätzlich kleinem Meßstrom bedeutet das auf Grund des ebenfalls kleinen Meßwiderstandes eine sehr kleine Meßspannung. Der Oszillografenverstärker muß diese entsprechend verstärken. Bild 33 zeigt prinzipiell die Schaltung zur Sichtbarmachung der Hysteresisschleife von einem Meßtrafo. Die Hysteresisschleife ist eine spezielle Lissajousche Figur, die die Abhängigkeit der magnetischen Induktion B von der magnetischen Feldstärke H zeigt. Da die punktweise Aufnahme sehr zeitraubend ist, setzt man besonders für Reihenmessungen und -prüfungen Ferrografen oder entsprechende Meßanordnungen mit der Schaltung nach Bild 33 ein. Die maximale Aussteuerung kann als Meßparameter an einem Stelltrenntrafo eingestellt werden. Da die Feldstärke H dem Meßstrom des Prüflings proportional ist, wird sie als Spannungsabfall an dem Meßwiderstand R_m abgegriffen und über den X-Verstärker den Horizontalplatten zugeführt. Die Induktion B ist der Spannung am Prüfling proportional. Sie wird zur Phasendrehung über ein Integrationsglied geleitet und über

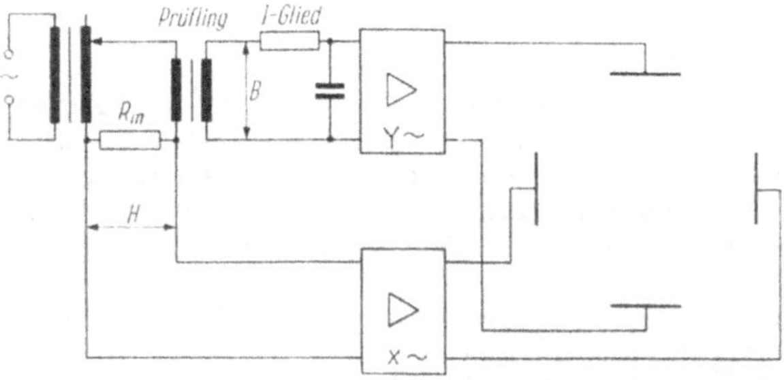

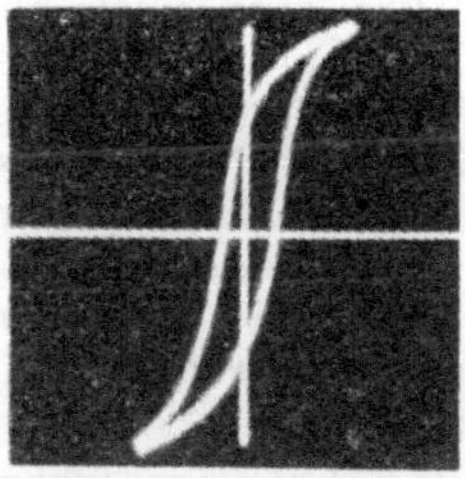

Bild 33. Schaltung zur Darstellung der Hysteresisschleife

den Y-Verstärker an die Vertikalplatten gelegt. Ähnliche Schaltungen sind zur Kennlinienaufnahme von nichtlinearen Widerständen, z. B. von Varistoren, Thermistoren, Gleichrichtern, Transistoren und Elektronenröhren, erforderlich. Stets wird der Strom als Spannungsabfall an einem Meßwiderstand abgenommen.

6.5. Widerstand, Induktivität, Kapazität

Bei der Messung von Widerstandsgrößen kann der EO als Spannungsanzeiger in einer Vergleichsschaltung nach Bild 34a eingesetzt werden. Zur Vermeidung von Einbrennfehlern durch den Leuchtfleck wird mit

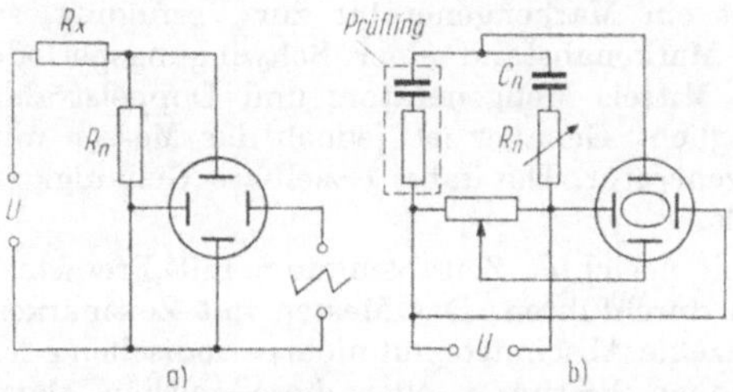

Bild 34. Schaltungen für Widerstands- und Kapazitätsmessung

kleiner Zeitspannungsamplitude gearbeitet. Ist R_n ein bekannter Normalwiderstand, E_y die vertikale Ablenkempfindlichkeit und A die Amplitude, so ist der Wert des unbekannten Widerstandes

$$R_x = R_n \left(\frac{U \cdot E_y}{A} - 1 \right) \approx R_n \frac{U \cdot E_y}{A} \tag{25}$$

Ähnliches gilt für Induktivitäten und Kapazitäten.

Eine andere Möglichkeit der Widerstandsmessung bietet das Arbeiten mit Lissajouscher Figur, wie es im Abschnitt 6.1. erläutert wurde. Bei nur ohmschen Spannungskomponenten ist die Lissajousche Figur ein Strich und die Widerstandsmessung besteht ebenfalls aus einer Amplitudenmessung. Besteht zwischen den Teilspannungen eine Phasenverschiebung, so wird eine Fläche geschrieben. Ihr Inhalt und ihre Außenmaße sind eine Funktion des gesuchten Widerstandes bzw. des Widerstandsverhältnisses und der aufgenommenen Leistung [1]. Bei Induktivitäten mit Eisenkern ist zu beachten, daß sie stets als Reihenschaltung einer reinen Induktivität mit einem ohmschen Widerstand zu betrachten sind. Eine Meßschaltung für komplexe Widerstände allgemein und die Sortierung von Elektrolytkondensatoren im besonderen zeigt Bild 34b. Der Prüfling kann vereinfacht als Reihenschaltung einer reinen Kapazität mit einem ohmschen Verlustwiderstand aufgefaßt und in einer Brückenschaltung nachgebildet werden. Die auf dem Bildschirm geschriebene Ellipse sagt aus, ob der Prüfling innerhalb seiner Toleranzwerte liegt [1, 2, 4]. Zur besseren Kontrolle kann eine Schablone auf den Bildschirm gebracht werden.

Die Schaltungen zur Kennlinienaufnahme von nichtlinearen Bauelementen gleichen der Schaltung nach Bild 33. Stets geht es um das stetige und periodische Ändern der unabhängigen Variablen — meistens des Stromes — und das Erzeugen eines ihm proportionalen Spannungsverlaufs. Dieser und die Spannung $u = f(i)$ werden den Ablenkplattenpaaren zugeführt [4].

6.6. Frequenz, Zeit, Phasenwinkel

Die drei genannten Größen, zu denen auch noch Drehzahl und Umlaufgeschwindigkeit gerechnet werden können, stehen in enger Beziehung zueinander, so daß sie zusammen behandelt werden sollen. Oszillografische Frequenzmessungen lassen sich mit geeichter Zeitablenkung (Kippspannung) durchführen. Steht ein Markengenerator zur Verfügung, so kann die Frequenz aus dem Markenabstand einer Schwingungsperiode berechnet werden (Bild 28a). Mittels Meßgenerators und Doppelstrahls ist ein Frequenzvergleich möglich. Genauer ist jedoch das Messen mit Lissajouscher Figur und Meßgenerator. Die dabei erzielbare Genauigkeit entspricht der des Eichnormals.

Zeitmessungen lassen sich mit geeichter Zeitablenkung, mit Frequenzvergleich und mit Zeitmarken durchführen. Das Messen mit Zeitmarken ist besonders günstig, wenn einzelne Abschnitte auf nichtperiodischen oder nichtsinusförmigen Zeitfunktionen bestimmt oder diese zeitlich abgetastet werden sollen. Soll eine Zeit- oder Frequenzgröße auf ihre Konstanz oder ihr Änderungsverhalten hin kontrolliert oder mit einem vorgegebenen Wert verglichen werden oder geht es um den Synchronismus zweier Schwingungen, so ist das Verfahren mittels Lissajouscher Figur besonders anschaulich. Zu diesem Zweck speist eine der Wechselspannungen eine Reihenschaltung aus zwei nahezu widerstandsgleichen und um etwa 90° drehenden Schaltgliedern, z. B. bei 50 Hz einen Widerstand von 3 kΩ und einen Kondensator von 1 µF. Mit Hilfe der beiden Teilspannungen wird ein Kreis geschrieben (Bild 38a) und auf diesem durch Differentation ein Impuls moduliert. Die Bezugs- oder zu synchronisierende Größe wird ebenfalls als Impuls aufmoduliert, so daß bei Stillstand oder Deckung Frequenz- bzw. Zeit- und Phasengleichheit herrschen oder die evtl. Differenz gemessen werden kann (Bild 35b). Statt des zweiten Impulses kann auch ein zweiter Kreis geschrieben werden [1, 4, 6, 15].

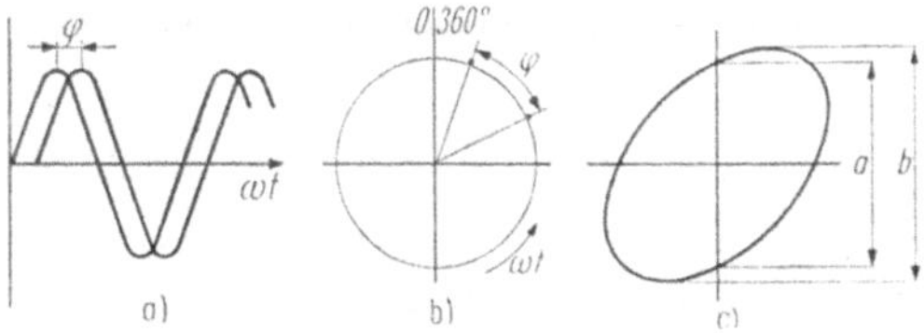

Bild 35. Phasenmessung

a) mit Doppelstrahlkurvenbild
b) mit Kreiszeichnerschaltung
c) mit Lissajouscher Figur

Der Phasenunterschied zwischen zwei Impuls- oder Wechselgrößen kann nach Bild 35a direkt dem Doppelstrahlkurvenbild entnommen werden. Diese Messung ist jedoch verhältnismäßig ungenau und für kleine Winkelwerte ungeeignet (Bild 27b). Etwas vorteilhafter und anschaulicher ist die Messung mittels Kreiszeichnerschaltung und Impulsen nach Bild 35b. Betrachtet man aber Bild 31a, so ist zu erkennen, daß das Lissajousche Phasenbild die anderen Darstellungsverfahren in der Genauigkeit übertrifft, da ein Winkel von 1° noch gut zu erkennen ist. Für die Berechnung des Phasenwinkels können dem Oszillogramm verschiedene Maße abgenommen werden. Mit dem im Bild 35c eingetragenen Abmessungen ergibt sich

$$\sin \varphi = \frac{a}{b}\,; \quad \cos \varphi = \sqrt{1 - \left(\frac{a}{b}\right)^2} \tag{26}$$

Ähnliche Beziehungen lassen sich auch aus Zykloidenbildern ableiten. Die Phasenbestimmung mittels Lissajouscher Figur hat sich besonders in der Regelungstechnik zur Aufnahme von Frequenzkennlinien und Ortskurven bewährt.

6.7. Kurvenform

Das Beurteilen und Analysieren von Kurvenformen ist ein wichtiges Kriterium in der Nachrichten- und BMSR-Technik. Besondere Bedeutung hat es in der Impulstechnik. Aus der Verzerrung der Sinusform, z. B. in ferromagnetischen Kreisen oder elektronischen Verstärkern, kann der Fachmann u. a. auf Materialeigenschaften, Sättigungserscheinungen, Arbeitspunkte, Aussteuerbereiche, Kenndaten und Fehlerursachen schließen. Bei der Verformung von Rechteckimpulsen kann auf die Benachteiligung von hohen oder tiefen Frequenzen bzw. auf Schwingungsanregung geschlossen werden. Genügt die Sichtbeurteilung (visuell oder mit Schablone) nicht, so läßt sich das Frequenzspektrum des zu beurteilenden Kurvenzuges heranziehen. Jede periodische und mit gewissen Einschränkungen auch jede nichtperiodische Funktion läßt sich als Summe von Sinusschwingungen auffassen (Bild 39b). Die Darstellung kann analytisch als Gleichung und optisch als Spektrogramm erfolgen. Zur Durchführung der harmonischen Analyse gibt es elektronische Geräte mit Anzeigeinstrumenten oder Direktschreibern sowie spezielle EO-Geräte. Bei dem Frequenzmeßplatz nach Bild 36 mit Tonfrequenzspektrograf, Mitlaufgenerator und dem EO nach Bild 22 sowie mit den Geräten nach

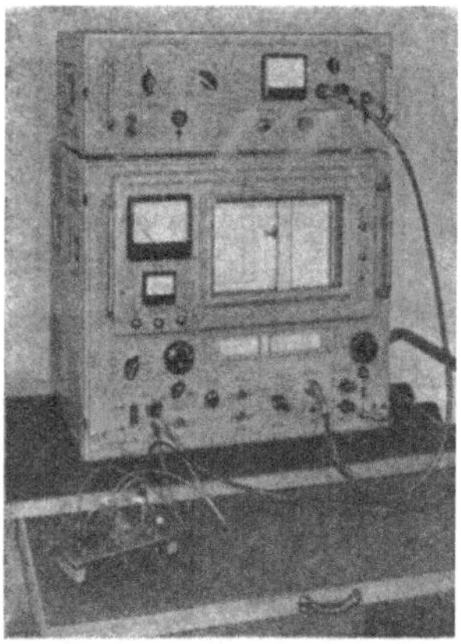

Bild 36. Frequenzmeßplatz mit Tonfrequenz-Spektrograf Typ FNA und Mitlaufgenerator zum FNA (Werkfoto: Rohde & Schwarz, München)

den Bildern 58 und 72 werden die einzelnen Spektralschwingungen durch Filterkreise ausgesiebt und Ladekondensatoren zugeführt. Ein Abtaster greift die Ladespannungen ab und legt sie kurzzeitig an die Vertikalplatten der EO-Röhre, während der Elektronenstrahl zugleich, wie beim Wobbler, frequenzproportional in horizontaler Richtung abgelenkt wird. Der Abtastvorgang und die waagerechte Frequenzlinie wiederholen sich periodisch. Auf dem Bildschirm erscheinen dadurch bei der jeweiligen Frequenz amplitudenproportionale senkrechte Striche (Bilder 37 und 60), oder es wird ein die Strichenden verbindender Frequenzgang-Kurvenzug abgebildet. Für die mathematische Analyse ist notwendig, einen Schwingungszug der periodischen Funktion oder den als wiederholbar gedachten Einzelvorgang auf dem Bildschirm zu fotografieren und nach dem bekannten Verfahren zu berechnen und auszuwerten. Die berechneten oder dem elektronischen Analysator entnommenen Werte lassen sich dann anschaulich als Spektrogramm nach den Bildern 37b und c darstellen. Bei diesem Beispiel handelt es sich um den Rechteckimpuls nach Bild

37a. Seine Fourier-Gleichung lautet mit $x = \omega t$

$$y = \frac{A}{2} + \frac{2 \cdot A}{\pi}\left(\sin x + \frac{\sin 3x}{3} + \frac{\sin 5x}{5} + \ldots + \frac{\sin px}{p}\right) \quad (27)$$

Der Summand $\frac{A}{2}$ ist der Gleichwertanteil im Bild 39a. Für die Sägezahnform der potentialsymmetrischen Zeitablenkspannung, d. h. ohne Gleichwert gilt

$$y = \frac{2 \cdot A}{\pi}\left(\sin x - \frac{\sin 2x}{2} + \frac{\sin 3x}{3} - \frac{\sin 4x}{4} + \frac{\sin 5x}{5} - \ldots\right) \quad (28)$$

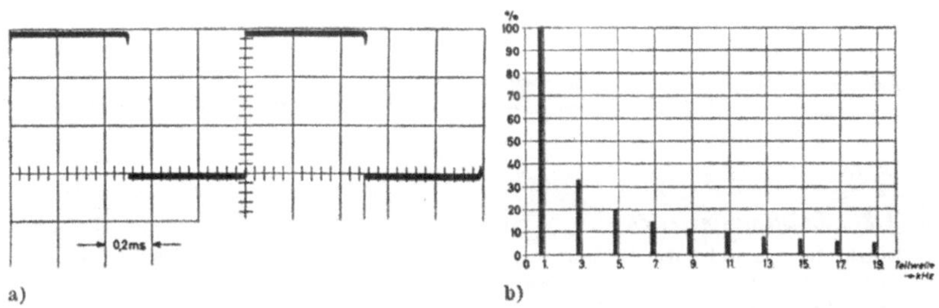

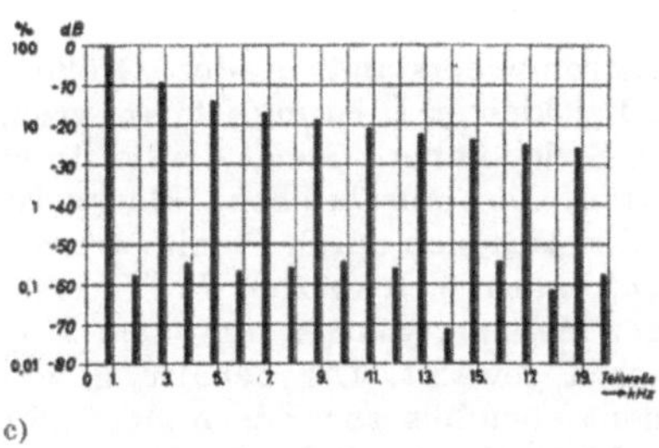

Bild 37. Kurvenformuntersuchung durch Frequenzanalyse

a) Rechteckimpuls 1 kHz
b) Spektrogramm, linear
c) Spektrogramm, logarithmisch

Die spektrografische Darstellung kann linear (Bild 37b) oder halblogarithmisch (Bild 37c) erfolgen. Die lineare Ordinate ermöglicht den besseren quantitativen Überblick, während die logarithmische die Berücksichtigung auch kleinster Spektralanteile, z. B. der geradzahligen Harmonischen im Bild 37c und der Klirranteile im Bild 69 gestattet. Die Beurteilung und Analysierung von Kurvenformen ist mit eine der Hauptanwendungen des EO [1, 8].

6.8. Leistung

Der EO ist kein Leistungsmeßgerät. Trotzdem ist es prinzipiell möglich, Leistungsmessungen oder besser Leistungsvergleiche durchzuführen. Diese sind besonders an sehr hochohmigen Meßobjekten (z. B. $< 10^7 \Omega$) günstig. Bild 38a zeigt hierzu das Schaltungsprinzip. Es handelt sich um eine Kreiszeichnerschaltung. Wie bereits im Abschnitt 6.6. beschrieben, wird durch die Teilspannungen an nahezu gleichgroßen, hintereinandergeschalteten und die Phase um 90° drehenden Widerständen als Lissajousche Figur ein Kreis geschrieben. Für seine Abbildung muß an beiden Ablenkplattenpaaren das Produkt aus Meßspannung und Ablenkempfindlichkeit gleich groß sein. Der Stellwiderstand R ermöglicht die diesbezügliche Korrektur. Im Bild 38b sind der Lastwiderstand R_L und

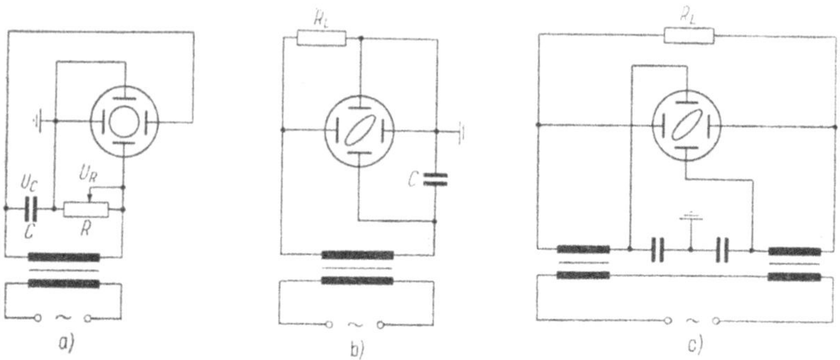

Bild 38. Leistungsmessung

a) Prinzip der Kreiszeichnerschaltung
b) Leistungsmessung mit Kreiszeichnerschaltung
c) Schaltung von Ryan und Stinchfield

ein Kondensator mit einem Wechselstromwiderstand in der Größenordnung von R_L in Reihe geschaltet. Bei kleiner Leistung ist R_L groß, so daß sich die Lissajousche Figur einem Strich nähert. Steigt die Leistung an, so nähert sich die Figur einem Kreis. Die umschriebene Fläche ist ein Maß für die Leistung. Der genaue Wert läßt sich durch Planimetrieren ermitteln. Mit einer Schaltung von *Ryan* lassen sich speziell die Verluste von Kabeln bestimmen. Auch bei dieser Messung geht es um einen Vergleich. Als Bezug werden Kondensatoren gewählt. Die Schaltung von *Ryan* und *Stinchfield* nach Bild 38c dient ebenfalls zur Erzeugung einer leistungsproportionalen Fläche für den Lastwiderstand R_L [4, 6].

6.9. Impulsuntersuchungen

In immer größerem Umfang erfolgt die Übertragung und Verarbeitung von Meßergebnissen, Speicherdaten, Schalt- und Steuerbefehlen sowie von Fernwirksignalen der verschiedensten Art mit Hilfe von Impulsen. Der Vorteil von Impulsen und Impulsfolgen besteht in der günstigen Zählung und Kodierung sowie in der Unterbringung hoher Frequenzen und großer Frequenzspektren sowie großer, wenn auch nur kurzzeitig wirkender Leistungen. Eine Folge von Rechteckimpulsen läßt sich als geschaltete Gleichspannung oder als Summe von nach *Fourier* zusammengesetzten Sinusschwingungen vorstellen. Zwischen beiden besteht Dualität. Je schmaler ein Impuls ist und je steiler seine Flanken sind um so umfangreicher ist sein Frequenzspektrum. Bild 39 zeigt die Gegenüberstellung beider Darstellungsformen. Sind, wie im Bildteil *a*, die Ein- und Ausschaltzeiten gleich, d. h. ist $T_E = T_A$, so liegt die Gleichwertachse bei 50% der Amplitude bzw. bei $\frac{A}{2}$. Bei $T_E < T_A$, wie im Bildteil *c*, verschiebt sich die Gleichwertachse nach unten. Bei sehr schmalen Impulsen ist der Gleichwert praktisch Null. Bildteil *b* zeigt, wie der Impuls nach Bild *a* bereits durch die Grundwelle und drei ungeradzahlige Harmonische angenähert dargestellt werden kann. Zu seiner vollständigen Zusammensetzung gehört jedoch ein viel umfangreicheres Spektrum,

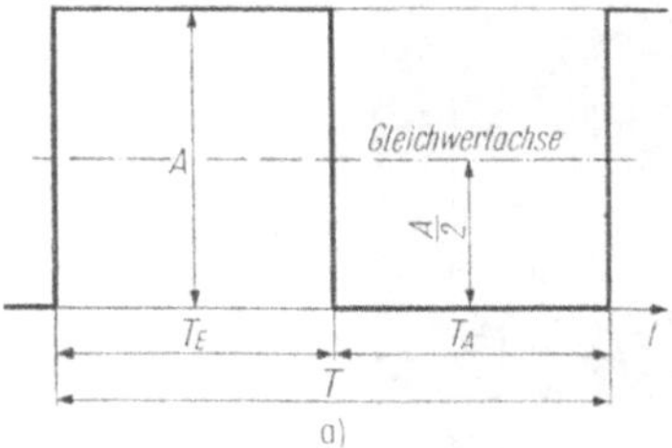

Bild 39. Darstellung von Rechteckimpulsen
a) Schaltvorgang, Tastverhältnis 1 : 1
b) Fouriersynthese, Tastverhältnis 1 : 1
c) Schaltvorgang, Tastverhältnis 1 : 5

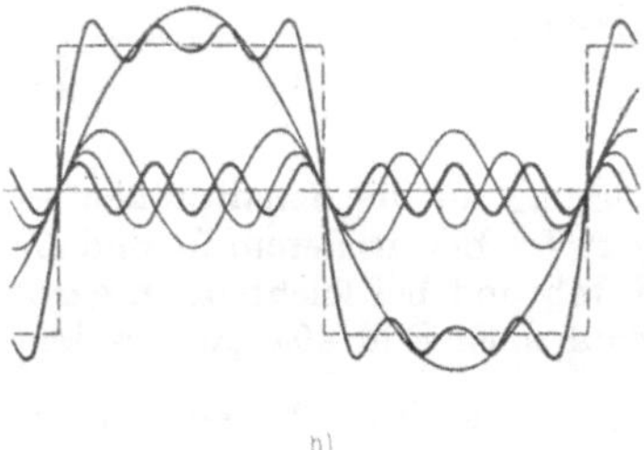

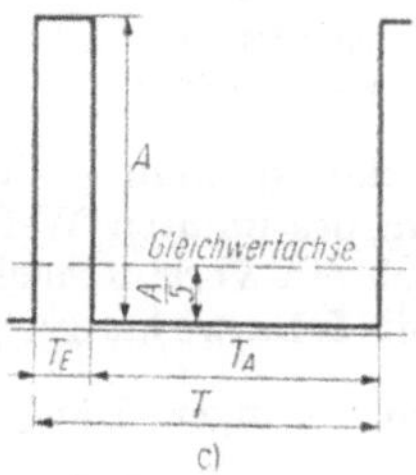

wobei aber die Amplituden weiterhin fallend sind (Bild 37b und c). Der Kehrwert von T im Bild 39 wird als Impulsfolgefrequenz $f_I = \frac{1}{T}$ und der Quotient $\frac{T_E}{T_A} = v_T$ als Tastverhältnis bezeichnet. In den Bildern 39a und b ist das Tastverhältnis *1* und in Bild 39c *5*. Mit größerem Tastverhältnis wird das Fourierspektrum, bei sonst konstanten *A*- und *T*-Werten, größer und damit die Ansprüche an die Übertragungsglieder und evtl. EO-Verstärker höher [8] [13] [14].

Die Verformung von Rechteckimpulsen durch Schaltglieder und Schaltkreise ist ein wichtiges Kriterium in der BMSR- und Nachrichtentechnik. Auf Grund der Impulsverformung und ihrer Beobachtung mittels EO lassen sich wichtige Schlüsse über die Impulsverarbeitung in entsprechenden Systemen, Geräten und Anlagen ziehen. Das gilt besonders für die Fehlersuche durch Signalverfolgung. Die Impulsverformung kann sich integrierend (Bild 13), differenzierend (Bild 12) und/oder schwingungsanregend (Bild 14) äußern. Sie hängt davon ab, in welcher Schaltung, Folge und Größe ohmisch-, induktiv- und/oder kapazitivwirkende Widerstände zusammenwirken und durchlaufen werden. Nach ihrem Verhalten lassen sich *RC*- und *LR*-, *CR*- und *RL*- sowie *LC*- und *CL*-Glieder zusammenfassen. Diese Gliederung ist aber nur theoretisch möglich, praktisch besteht z. B. jedes Stück Paralleldrahtleitung aus *R*-, *L*-, *G*- und *C*-Anteilen, und es ist nur eine Frage der Betriebsfrequenz, um die Blindanteile zur Wirkung zu bringen.

Zur Schwingungsanregung kommt es, wenn *L*- und *C*-Anteile bei geringer Dämpfung zusammenwirken. Die Anregung beginnt mit sog. Überschwingen nach Bild 14a. Überschwingen ist meist das Zeichen von Induktivitätseinfluß. Es tritt um so leichter auf, je steiler der Spannungsanstieg erfolgt.

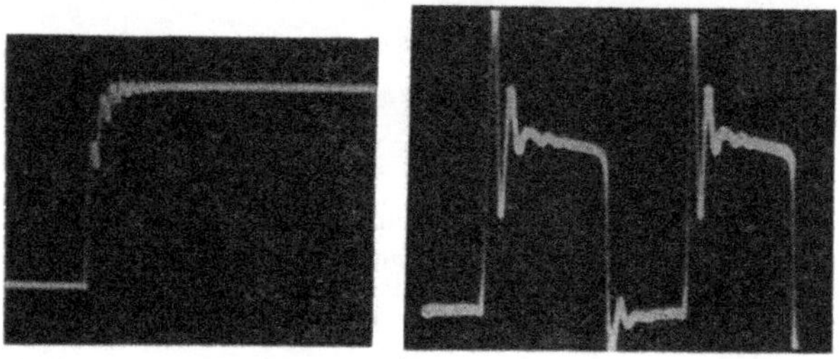

a) b)

Bild 40. Impulsverformung durch Schwingungsanregung

a) mit leichter Integrationswirkung
b) mit leichter Differentationswirkung

Die Anstiegszeit darf deshalb — in Anpassung an die Schaltgrößen — nicht unter einem bestimmten Wert liegen [1]. Bei größerem *L*- und *C*-Einfluß ergibt sich ein Verlauf nach Bild 14b und bei leichtem Integrationsverhalten mit *L*-Einwirkung ein Verlauf nach Bild 40a. Bei großem $\frac{L}{C}$-Verhältnis und geringer Dämpfung sowie leichter Differentiation kommt ein Oszillogramm nach Bild 40b zustande. Aus dem Zeitabstand

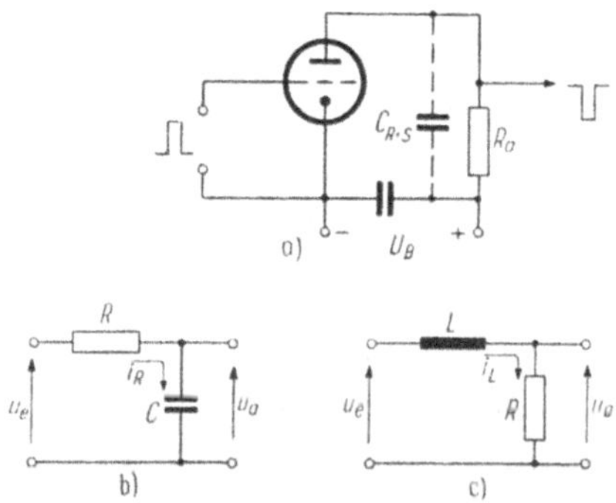

Bild 41. Vierpole mit Integrationswirkung

a) Gleichspannungsverstärkerstufe
b) *RC*-Integrationsglied
c) *LR*-Integrationsglied

der Kurvenzüge läßt sich die Resonanzfrequenz des durch *L*- und *C*-Anteile gebildeten Schwingkreises berechnen. Wirken *LC*- oder *CL*-Glieder unter der Bedingung $\omega L \gg 1/\omega C$ oder $1/\omega C \gg \omega L$ zusammen, so kommt es zu keiner Schwingungsanregung, sondern zu doppelter Integration bzw. Differentiation [5].

Die einfache Integrationswirkung (s. Bild 13) entsteht durch *RC*- oder *LR*-Glieder. Jede Gleichspannungsverstärkerstufe nach Bild 41a ist z. B. ein *RC*-Glied. Je nach Arbeitspunkt und Impulspolarität kann die Röhre auf- oder zugesteuert werden. Selbst, wenn etwas untergeordnete Einflußgrößen unterschlagen werden, die Röhren- und Schaltkapazität C_{R+S} parallel zum Außenwiderstand R_a ist nicht zu vernachlässigen. Sie verzögert mit der Zeitkonstante

$$\tau_e = C_a \frac{U_a \cdot R_i}{U_a + I_{a0} \cdot R_i} \tag{29}$$

den Einschalt- und mit

$$\tau_a = R_a \cdot C_a = C_a \frac{U_a}{I_{a0}} \tag{30}$$

den Ausschaltsprung [14]. Zwischen beiden besteht die Beziehung

$$\tau_a = \tau_e \frac{R_a + R_i}{R_i} \tag{31}$$

Dadurch werden mit kürzer werdender Anstiegs- bzw. Abfallzeit oder zunehmender Impulsfolgefrequenz die an das Gitter gelegten Rechteckimpulse immer mehr, entsprechend der Bilder 5 und 13, verformt. Die Schaltung nach Bild 41a ließe sich auch transistorisieren oder zu einer selbstschwingenden Rechteckwellen-Oszillatorschaltung erweitern [1, 2, 3, 4, 13, 14].

Für ausgesprochene Integrationsglieder und damit für eine Rechteckverformung nach Bild 13b, läßt sich die folgende Gesetzmäßigkeit aufstellen:

Bildteil 41b

$$u_a = \frac{1}{R \cdot C} \int u_e \cdot dt \tag{32}$$

$$\text{aus} \quad R \gg \frac{1}{\omega C} \text{ folgt } RC = \tau \gg \frac{1}{f} = T \tag{33}$$

Bildteil 41c

$$i_L \approx i = \frac{1}{L} \int u_L \cdot dt \tag{34}$$

$$\text{ferner ist} \quad i = \frac{u_R}{R} \text{ und } u_R = \frac{R}{L} \int u_L \cdot dt$$

durch $u_L \approx u_e$ wird

$$u_a = \frac{R}{L} \int u_e \cdot dt \tag{35}$$

$$\text{aus } \omega L \gg R \quad \text{folgt } \frac{L}{R} = \tau \gg \frac{1}{f} = T \tag{36}$$

Eine Integration findet also nur statt, wenn die wirksame Zeitkonstante viel größer als der Kehrwert der Impulsfolgefrequenz ist. Differenzierende Wirkung haben das CR-Glied im Bild 12a und RL-Glieder. Es kommt dabei zu Rechteckverformungen nach den Bildern 12b und c. Für die CR-Differentiation gelten die Gln. (16) bis (18).

Bei RL-Gliedern kann $\frac{L}{R} = \tau \ll \frac{1}{f} = T$ gesetzt werden.

Das Kriterium für jede Impulsschaltung ist das Übergangsverhalten der eingesetzten Schaltelemente. Bild 4 zeigt hierzu ein Beispiel. Das Übergehen von dem einen in den anderen Betriebszustand (Kontakt geschlossen oder geöffnet bzw. Widerstand klein oder groß) kann nicht in unendlich kurzer Zeit erfolgen. Verzögerungen bringen jedoch nicht nur die Trägheit mechanisch aufgebauter Schalter und die Laufzeit elektrischer Ladungsträger, sondern auch die stets vorhandenen Schaltkapazitäten und -induktivitäten.

Die Verformung von Rechteckimpulsen als Meß- und Prüfkriterium und ihre Beobachtung mit dem EO hat sich auf den verschiedensten Gebieten der BMSR-Technik bewährt. Besondere Einsatzgebiete sind die Serienprüfung von elektrischen, elektronischen und pneumatischen Bauteilen, Baueinheiten, Meßeinrichtungen und sonstigen informationsverarbeitenden Geräten sowie das Messen der Kenngrößen von Vierpolen und HF- und Fernmeldeleitungen.

7. Prüfen und Messen in der Automatisierungstechnik

7.1. Übersicht

Wenn auch der EO ein elektrisches bzw. elektronisches Meßgerät ist, so erstreckt sich sein Einsatz doch zunehmend auf nichtelektrische Gebiete. Das gilt besonders für das Prüfen und Messen. Was das Messen anbetrifft, so eröffnete die „Elektrische Meßtechnik zur Messung nichtelektrischer Größen" Möglichkeiten, die nicht nur für die Automatisierungstechnik, sondern auch für andere Gebiete, z. B. für Medizin, Biologie, Verkehrswesen, Weltraum- und Meeresforschung usw., von Bedeutung sind [5]. Bei allen diesbezüglichen Messungen und Prüfungen hat sich der EO als unentbehrliches Meß-, Kontroll- und Registriergerät erwiesen. Der heutige Flugverkehr ist z. B. nur auf der Grundlage einer hochentwickelten Funkortung und Flugsicherung möglich. Mit Hilfe von Impuls- und Koordinatenabbildungen auf besonderen Bildschirmen und speziellen EO-Geräten werden Start, Flugweg und Landung jeder einzelnen Maschine überwacht. Was die Verfahrens- und Fertigungstechnik sowie die Energetik betrifft, so handelt es sich oftmals um sehr komplexe Anlagen. Ihre Betriebssicherheit und Zuverlässigkeit ist nur auf der Grundlage einer hochentwickelten Meßtechnik gewährleistet. In den meisten Fällen erfüllen anzeigende und registrierende Instrumente sowie Steuerungen und Regelungen die gestellten Aufgaben. Beim Einfahren oder Modernisieren von Anlagen müssen aber oftmals Kennlinien oder Funktionen zweier Veränderlicher in Polar- oder kartesischen Koordinaten aufge-

nommen werden, für die ein EO gut geeignet ist. In manchen Fällen erfüllt schon ein ganz einfaches, aber um so betriebssicherer arbeitendes Gerät seinen Zweck, z. B., wenn es um die zu kontrollierende Verformung eines hydraulischen oder pneumatischen Impulses oder um die Beobachtung zweier Meßgrößen als Lissajousche Figur geht.
Bild 42 zeigt als Beispiel aus der Hydraulik den Meß- und Kommandostand eines Serienprüfstandes für Axialkolbenpumpen. Im Maschinenraum des Prüfstandes befinden sich die elektrohydraulischen Aggregate

Bild 42. Meßraum mit Meß- und Steuerpult eines Hydraulikprüfstandes für große Axialkolbenpumpen (Werkfoto: VEB Industriewerke Karl-Marx-Stadt)

bis zu einer Leistung von 220 kW bzw. 160 kp/cm² und 630 l/min. sowie die Ölbehälter, Ölkühler, Hilfsantriebe usw. Zur Einstellung und Konstanthaltung der verschiedenen Betriebsparameter sind auf den Meß- und Steuerpulten im Bild 42 Instrumente und Geräte für verschiedene Meß- und Stellgrößen untergebracht, für deren Betrieb der rechtsstehende

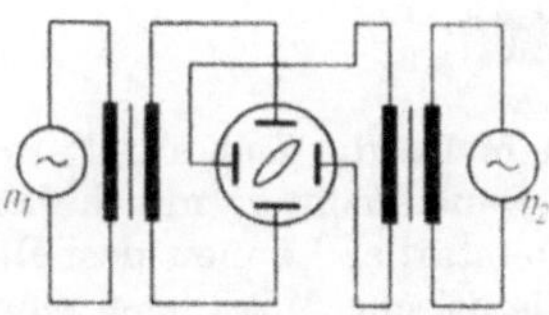

Bild 43.
Schaltung zur Kontrolle der Drehzahlgleichheit

Schaltschrank vorgesehen ist. Auf dem rechten Pult steht oben ein kleines oszillografisches Gerät, das den Gleichlauf zweier Hilfsantriebe mittels Lissajouscher Figur zu überwachen gestattet. An jeder Welle ist ein Wechselspannungs-Tachometergenerator angeflanscht. Die Geberspannungen werden mittels Trafos auf günstigste Anzeige- und gleiche Ablenkwerte eingestellt, so daß sich eine einfache Schaltung nach Bild 43 ergibt. Eine bessere und genauere Kontrolle des Drehzahlgleichlaufs ist mit anderen Mitteln nicht möglich.

7.2. Kennlinienaufnahme

Bei vielen Prüfungen und Messungen, z. B. bei der Gütekontrolle und beim Abgleich von elektronischen und einer Reihe von pneumatischen und hydraulischen Bauelementen, Baugruppen und Geräten, ist es notwendig, statt eines Meßwertes eine Kennlinie anzuzeigen. Der Einsatz nichtelektronischer Registriergeräte (Papierschreiber) ist aber nur erforderlich, wenn Kennlinien dokumentiert werden sollen. Geht es aber um das Sortieren, Klassifizieren oder Einordnen von Fertigungsexemplaren, so genügt die Funktionsdarstellung mittels EO. Zu diesem Zweck müssen beide Veränderliche, ob sie elektrischer oder nichtelektrischer

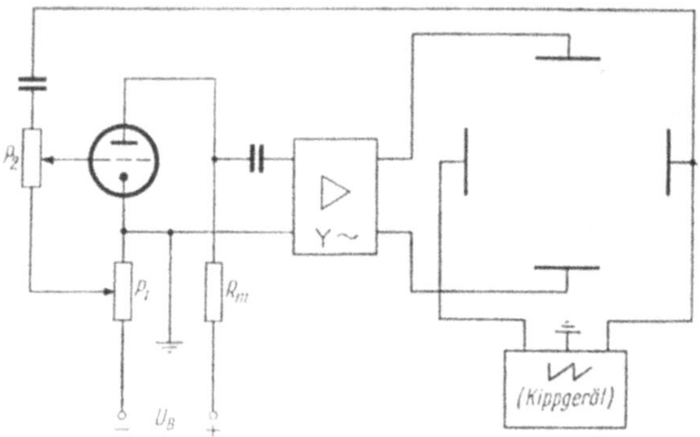

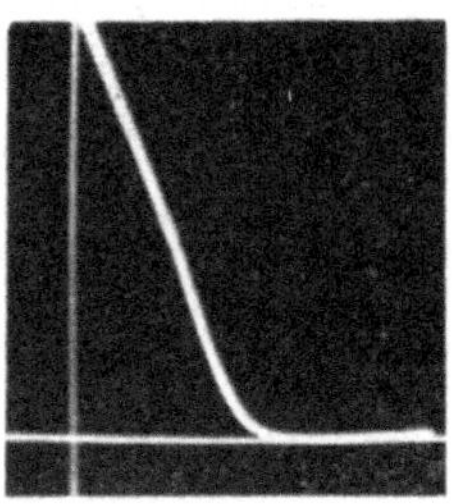

Bild 44. Schaltung zur Kennliniendarstellung einer Triode

Natur sind, durch Spannungen abgebildet werden. Da die Zeit nur Parametergröße ist, kann z. B. bei elektronischen Bauelementen mit hoher Folgefrequenz gearbeitet werden. Die EO-Meßverstärker können deshalb Wechselspannungsverstärker sein, nur für quasistatische Messungen sind Gleichspannungsverstärker besser geeignet. Geht es um das einmalige Durchfahren der Kennlinie, so ist ein EO mit Nachleuchtröhre oder ein Sichtspeicher-EO erforderlich. Bei elektronischen Prüflingen läßt sich für das periodische Durchfahren der Kennlinie die Zeitablenkspannung des EO verwenden. Bild 44 zeigt hierzu ein Beispiel. Es handelt sich um die Kennlinie einer Triode als Funktion $i_a = f(u_g)$ bei $U_a =$ konst. Da der Anodenstrom nicht unmittelbar gemessen werden kann, wird er, wie im Bild 33, als proportionaler Spannungsabfall an dem Meßwiderstand R_m abgenommen. Am Potentiometer P_1 wird die Gitterspannung $-U_g$ und an P_2 die Steueramplitude $\mathfrak{U}_{gw}$ eingestellt. Zur Steuerung wird die an den Horizontalplatten unsymmetrisch abgenommene Kippspannung benutzt. Ähnlich lassen sich Thermistoren, Varistoren, Dioden, Transistoren und Thyristoren prüfen (s. Bild 45). Bei nichtelektrischen Bauelementen ist, wie im Hydraulikbeispiel nach Bild 46, die Umwandlung in elektrische Größen erforderlich [RA 13].

7.3. Prüfen von Bauelementen

Das oszillografische Prüfen von Bauelementen und Bauteilen ist nur in Sonderfällen lohnend. Bei Kontaktbauelementen lassen sich Kontaktprellungen, Schaltzeiten (s. Bild 4) und elektrische Größen, wie z. B. Kontaktübergangswiderstand, Stromverlauf, Spannungsverlauf usw.,

Bild 45. Prüfen von Thyristoren (Werkfoto: ASEA/Schweden)

prüfen. Von besonderem Interesse ist die Kennlinienabbildung bei elektronischen Röhren, Halbleitern und bei einigen mechanischen, pneumatischen und hydraulischen Funktionselementen. Bei der automatischen Auswertung oder Einordnung wird auf dem Röhrenschirm eine das Normalverhalten charakterisierende Schablone angebracht und die Lichtmenge der von der Schablone nicht verdeckten Kennlinie von einem Fotobauelement aufgenommen und als Sortier- oder Klassifiziergröße benutzt. Bild 45 zeigt die EO-Endkontrolle von Thyristoren des schwedischen Typs Ty 300. Die Prüfung erfolgt halbautomatisch. Bei Exemplaren, die außerhalb des Streubereichs liegen, werden durch Parameteränderung sofort die tatsächlichen Kennwerte bestimmt. Ein gleichgeartetes Hydraulikbeispiel zeigt Bild 46. Es handelt sich um einen Prüfstand für Flüssigkeitsfedern. Aufzuzeichnen ist das Federdiagramm, d. h. die Funktion $F = f(s)$ bzw. $s = f(F)$. Die Kraft- und die Weggrößen werden elektrisch abgebildet, und zwar für den fotoelektrischen Koordinatenschreiber, der die Kennlinie für Dokumentationszwecke auf Papier aufzeichnet, als Stromgrößen und für Prüfungen mit EO als Spannungsgrößen. Für die drei Kraftmeßbereiche 0...250, 0...630 und 0...1600 kp, wurde der elektrische Dehnungsmesser 4D3 eingesetzt. Drei Kanäle sind für die Kraftmessung und ein Kanal für die Wegmessung mittels induktiven Gebers vorgesehen und geeicht. Die Gütekontrolle und Vorprüfung der Flüssigkeitsfedern erfolgt als wiederholbarer Einzelvorgang, so daß ein Service-EO mit Gleichspannungsverstärkern am besten geeignet ist.

Der EO konnte sich auch in der mechanischen Fertigung für die Funktions- und Qualitätsprüfung einführen. Besondere Bedeutung erlangte er u. a. bei der Prüfung und Beurteilung von Bewegungsvorgängen und

Bild 46. Hydraulikprüfstand für Flüssigkeitsfedern (Werkfoto: VEB Industriewerke Karl-Marx-Stadt)

Gleiteigenschaften mit Hilfe akustischer Methoden und speziell durch Geräuschanalysen. Wird z. B. ein Meßmikrofon auf ein Lager oder Getriebe gesetzt, so wird ein Gemisch von Schwingungen aufgenommen, das neben dem durch Reibung verursachten „mechanischen Rauschen" noch einige Grundschwingungen mit ihren Oberwellen enthalten kann. Die Grundfrequenzen ergeben sich aus der Drehzahl sowie aus Resonanzeffekten und bei Getrieben aus den Umläufen der einzelnen Zahnräder und ihren Zähnezahlen. Aus den Abweichungen von einem Normaloszillogramm oder -spektrogramm lassen sich wichtige Schlüsse über evtl. Bearbeitungsmängel oder Fehlerursachen ziehen. Wie im Beispiel zu Bild 46 kann auch bei der Geräuschbeurteilung für Meßzwecke mit Direktschreiber und für Prüfungen mit EO oder Spektrograf gearbeitet werden.

7.4. Prüfen von Baugruppen und Geräten

Vor dem Zusammenbau von Geräten ist es notwendig, die einzelnen Baugruppen zu prüfen und gegebenenfalls abzugleichen. Elektronische Baugruppen können z. B. Verstärker, Oszillatoren, Begrenzerstufen, Netzteile, Dämpfungsglieder, frequenzabhängige Vierpole usw. sein. In der Hydraulik und Pneumatik gibt es ähnliche Bau- und Funktionsgruppen. Auch für hydraulische oder pneumatische Rechteckimpulse lassen sich z. B. wirkungsmäßig *RC*-Glieder nachbilden, so daß sich Oszillogrammverformungen nach den Bildern 5 und 13 ergeben. In der Hydraulik und

Pneumatik treten dabei Drosseln und Druckspeicher als Analogien zu Induktivitäten und Kapazitäten auf.
Von besonderer Bedeutung ist die Verstärkerprüfung. Die richtige Einstellung des Arbeitspunktes sowie Verstärkungsgrad, Verstärkungsabfall bei bestimmten Frequenzen und evtl. Verzerrungen durch Einschwingvorgänge oder Übersteuerung lassen sich bereits aus Zeitfunktionen entnehmen. Zu diesem Zweck genügt es, an den Eingang des Prüfobjektes

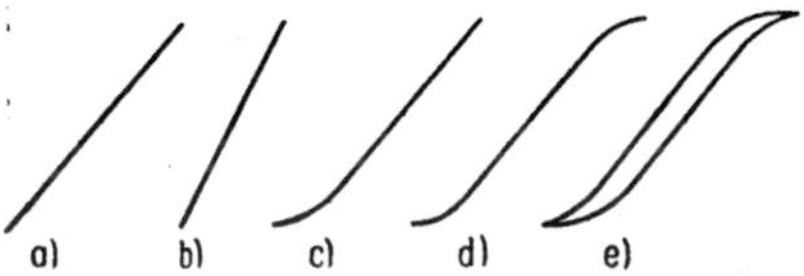

Bild 47. Verstärkerprüfung mit Lissajouscher Figur

a) Normalbild, Phasenwinkel 0°
b) zu geringe Verstärkung
c) falscher Arbeitspunkt
d) Übersteuerung
e) Übersteuerung und Phasenfehler

die Meßspannung zu legen und das Oszillogramm der Ausgangsspannung mit entsprechender Kippfrequenz aufzulösen. Soll die Phasenkontrolle einbezogen werden, so ist es besser, mit Lissajouscher Figur zu arbeiten. Dem einen Meßplattenpaar wird dabei eine der Eingangsgröße proportionale Spannung und dem anderen das Ausgangssignal des Verstärkers zugeführt. Der Verstärkungsgrad und evtl. Abweichungen ergeben sich aus der Schräglage des Diagramms. Der Phasenwinkel und evtl. Abweichungen lassen sich entsprechend Bild 31 auswerten und beim Übersteuern tritt ein Abwinkeln der Lissajouschen Figur ähnlich der Hysteresisschleife auf. Bild 47 zeigt einige Beispiele hierzu.
Das Zeitverhalten bzw. der Frequenzgang von Verstärkern wird, wie schon mehrmals erwähnt, am vorteilhaftesten mit Rechteckschwingungen geprüft. Steht keine Rechteckspannung zur Verfügung, so genügt in

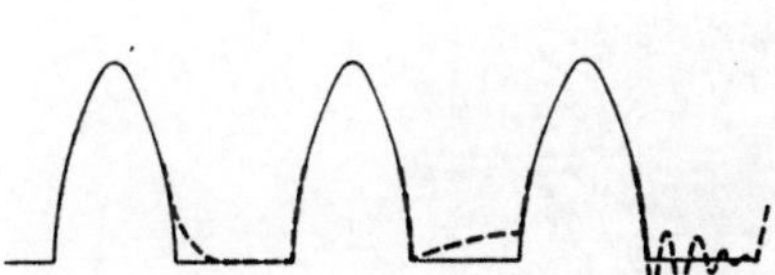

Bild 48. Verstärkerprüfung mit einweggleichgerichteter Wechselspannung

a) Benachteiligung hoher Frequenzen
b) Benachteiligung tiefer Frequenzen
c) Schwingungsanregung

vielen Fällen auch eine gleichgerichtete Sinusspannung. Dabei zeigt sich das Zeit- bzw. Frequenzverhalten, wie im Bild 48 zu sehen ist, am abgeschnittenen Teil der Restspannung. Die Verformung ist also die gleiche wie bei Rechteckimpulsen. Ähnlich wie NF- und Breitbandverstärker lassen sich auch die meisten passiven Vierpole, wie Dämpfungs-,

Differenzier-, Integrier- und Stabilisierungsglieder sowie Pässe und Sperren, prüfen und einstellen. Durch ein Meßraster auf dem Bildschirm wird die Kennwertprüfung besonders in der Serienfertigung erleichtert. Bilder **49a** und b zeigen z. B. die charakteristische Verformung eines 1-kHz-Rechteckimpulses durch einen integrierend bzw. differenzierend wirkenden Vierpol, aber sonst gleichen Bauelementen. Das Oszillogramm

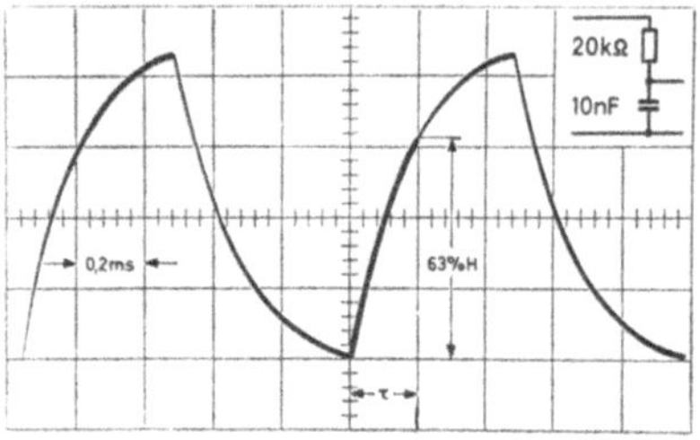

a)

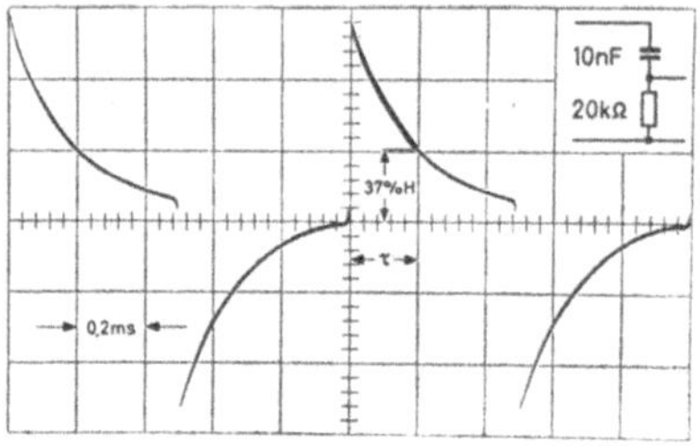

b)

Bild 49. *Prüfung passiver Vierpole*
I-Glied
D-Glied

gestattet nicht nur die Richtigkeit der Schaltung festzustellen, sondern auch ihre elektrischen Werte [8]. Bei Pässen und Sperren sowie HF- und Resonanzverstärkern wird das Frequenzverhalten am sichersten

Bild 50. *Prüfung von Transistorgeräten (Werkfoto: ASEA/Schweden)*

durch Wobbelung bestimmt [1, 2, 3, 4]. Das gilt sowohl für einzelne Verstärkerstufen als auch für ganze Empfangsgeräte. Das Prinzip der Wobbelung zeigt Bild 30.
Viele sonstige Prüfungen an elektrischen und elektronischen Geräten werden auf der Grundlage von Amplitudenmessung und/oder Kurvenformbeurteilung durchgeführt, so z. B. von Oszillatoren, magnetischen Stabilisatoren sowie Stromversorgungsteilen und -geräten. Bild 50 zeigt z. B. die Serienprüfung von Transistorgeräten zur Stromversorgung von Leuchtstofflampen aus einer Gleichspannungsquelle. Die Prüfung erfolgt in mehreren Takten, wobei ein EO als Kontrollgerät eingesetzt ist.

Ein ganz spezielles Einsatzgebiet eröffnet sich dem EO auch im Elektromaschinenbau und in der Hochspannungstechnik [4, 6, 15]. Das Prüfen von mechanischen, hydraulischen und pneumatischen Baugruppen und Geräten kann mittels EO auf der Grundlage des elektrischen Messens von nichtelektrischen Größen erfolgen [5]. Dabei eignen sich akustische, optische und Schwingungsmeßverfahren besonders gut für Serienprüfungen. Wie bereits im letzten Abschnitt erläutert wurde, lassen sich mechanische Fehler an Baugruppen bei Bewegungsvorgängen vorteilhaft mittels akustischer Methoden bestimmen.

7.5. Prüfen von Werkstoffen

Die oszillografische Werkstoffprüfung baut bei direkten Anzeigeverfahren auf den magnetischen, dielektrischen, elastischen oder Leitfähigkeitseigenschaften des zu untersuchenden Materials auf. Bei indirekter Anzeige wird eine die Prüfung beeinflussende Hilfsgröße beobachtet. Magnetische Eigenschaften lassen sich mit der Schaltung nach Bild 33 feststellen.

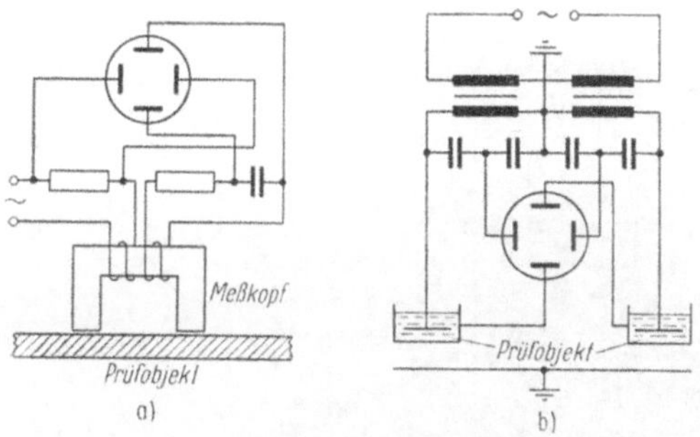

Bild 51. Werkstoffprüfung
a) Prüfung von Ferromagnetika
b) Prüfung von Dielektrika

Dabei wird ein Meßkopf nach Bild 51a verwendet. Möglich ist auch, die Prüfung auf ein Normal zu beziehen und zu diesem Zweck einen Zweistrahloszillograf einzusetzen [15]. Die beiden Meßköpfe können auch in eine Brückenschaltung gebracht werden, so daß ein den Werkstoffunterschied kennzeichnendes Oszillogramm angezeigt wird. Der Brückenabgleich wird bei gleichen Prüfwerkstoffen vorgenommen [4, 6, 15]. Ebenfalls auf magnetischer Grundlage lassen sich Härteprüfungen durchführen.

Die Prüfung von dielektrisch wirkenden Stoffen kann nach der Schaltung von *Rayn* erfolgen. Im Bild 51b geht es um die Prüfung von Trafoöl. Bei Prüfungen auf Leitfähigkeitsgrundlage wird ähnlich verfahren. An die Stellen der Festkondensatoren werden Festwiderstände eingesetzt. Es gibt aber auch andere Schaltungen [4, 6].
Das NF-Dekameter nach Bild 52 dient zur Bestimmung der komplexen Dielektrizitätskonstanten für physikochemische Strukturuntersuchungen des anomalen Dispersions- und Absorptionsverhaltens sowie zur Analyse von flüssigen, pulvrigen und festen Nichtelektrolytsystemen. Es besteht

Bild 52. NF-Dekameter DK 05 (Werkfoto: Wissenschaftlich Technische Werkstätten Rum/Österreich)

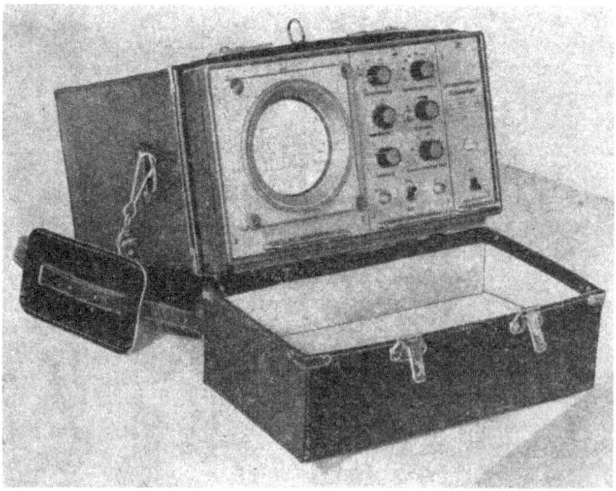

Bild 53. Echograph Typ UT 110 in Tragtasche (Werkfoto: Karl Deutsch, Wuppertal-Elberfeld)

aus einer modifizierten Scheringbrücke, einem Frequenzgenerator von 30...100 kHz und einem EO-Teil als Nullindikator. Die Nullbedingungen für den Brückenabgleich ergeben sich aus mehreren Gleichungen [18]. Die asymetrische Brückenausgangsspannung wird dem Y-Meßverstärker des EO-Teils zugeführt. Mit dem Phaseneinsteller im X-Verstärker kann eine bevorzugte Phasenbeziehung zwischen der Brückenausgangs- und der horizontalen Ablenkspannung hergestellt werden. Dadurch lassen sich Amplitude und Phase beim Abgleich unterscheiden und unabhängig voneinander beobachten. Der Vorteil gegenüber der Instrumentenanzeige ist erheblich. Das Anwendungsgebiet dielektrischer Messungen reicht von der Bestimmung von Molekulargewichten und der Abschätzung von Molekülgrößen bis zur modernen Betriebskontrolle auf dem Lack-, Kunststoff- und Ölgebiet.

Für die Untersuchung mechanischer Eigenschaften hat sich das Prüfen mit Ultraschall besonders bewährt. Es stützt sich auf die Abhängigkeit der Ausbreitungsgeschwindigkeit der Ultraschallwellen vom Elastizitätsmodul und von der Dichte eines Werkstoffes. An Grenzflächen zwischen festen Körpern und Luft werden die Ultraschallwellen reflektiert. Diese Tatsache wird genutzt, um z. B. Hohlräume, Lunker und Risse festzustellen oder bei gegebenen Abmessungen den Elastizitätsmodul zu messen [RA 65]. Die Prüfung oder Messung erfolgt mittels Oszillografenröhre, wobei Impulse dargestellt und ihre Abstände ausgewertet werden. Direkt angezeigt werden die Laufzeiten zwischen zwei oder mehr Grenzflächen und die sich bei bekannter Ausbreitungsgeschwindigkeit daraus ergebenden Weglängen. Ein Riß wird z. B. als ein zwischen Start- und Reflexionsimpuls liegender Fehlerimpuls angezeigt. Bei dem Echograph nach Bild 53 handelt es sich um ein volltransistorisiertes Ultraschallprüfgerät in Einschubtechnik. Durch Batteriespeisung mit Ni-Cd-Sammler ist das Gerät netzunabhängig. Die Prüflinge können aus Stahl, Gußeisen, NE-Metall, Glas, Porzellan, Kunststoff oder anderem schalleitenden Werkstoff sein. Die Ultraschallfrequenz ist zwischen 0,2 und 15 MHz einstellbar.

Als Beispiel der eingangs erwähnten indirekten EO-Anzeige soll die Spektralanalyse für Metalluntersuchungen mittels Hochspannungsfunkenerzeugers erwähnt werden. Für eine qualitätsgerechte Prüfung ist notwendig, die Funkenfolge und den zeitlichen Verlauf der Ladespannung im Hochspannungskreis zu kontrollieren. Zu diesem Zweck ist ein selbständiger EO-Teil mit einer Zeitablenkschaltung nach Bild 15b vorgesehen.

7.6. Aufnahme von Schaltvorgängen

Durch Schaltvorgänge werden Impulse ausgelöst, die durch Bauelemente oder Baugruppen charakteristisch verformt werden. Da die Schalt- bzw. Übergangszeiten in der Größenordnung von Milli- oder Mikrosekunden liegen können, ist dem EO bei der Darstellung dieser Vorgänge kein anderes Gerät gleichwertig. Bei elektromechanischen Relais kommt das Übergangsverhalten durch das Zusammenwirken von elektrischen und mechanischen Eigenschaften zustande. Entscheidend für die Leistungsfähigkeit eines Relais oder Schützes ist das Reagieren auf periodische

Steuerimpulse. Werden diese durch die Netzspannung oder durch einen Tongenerator erzeugt, so ist das Zwischenschalten eines Hilfsrelais zur Umformung der sinusförmigen Spannung in Rechteckimpulse erforderlich. Das Kontaktsignal läßt sich direkt als Spannung anzeigen, der Erregerstrom wird als Spannungsabfall an einem Meßwiderstand abgenommen. Zur Synchronisierung der Zeitablenkung kann das periodische Schalten durch die Kippspannung des EO und eine zwischengeschaltete Verstärkerstufe erfolgen. Eine dynamische Prüfung ist auch möglich, wenn das Relais als Selbstunterbrecher geschaltet wird. Dabei ergibt sich eine periodische Folge von Einzelvorgängen, die sich, wie Bild 4 zeigt, nicht ganz überdecken. Zur Messung der einzelnen Zeitabschnitte wird mit Hell-Dunkel-Marken gearbeitet. Außerordentlich wichtig ist das Prüfen und Einstellen der Kontakte sowie das richtige Schaltverhalten bei Zerhacker-Transvertern. Das einwandfreie Funktionieren eines solchen Transverters hängt von der richtigen Einstellung der Unterbrecherkontakte, wie überhaupt des gesamten Schaltvorganges, auf der Primär- und Sekundärseite des Transverters ab. Die Gleichheit der Gegentaktspannungen und -ströme läßt sich am besten mit EO einstellen [15]. Wegen des Kontaktverschleißes bei elektromechanischen Transvertern

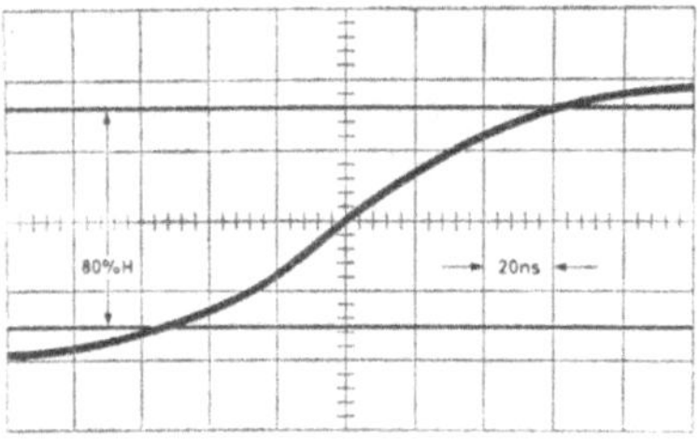

Bild 54. Anstiegsflanke eines Rechteckimpulses von 100 kHz mit großer Zeitdehnung

werden zunehmend elektronische Spannungsumsetzer verwendet. Ihr einwandfreies Arbeiten bedingt ebenfalls das vorherige Prüfen und Einstellen des Schaltvorganges. Wenn dieser bei Transistoren auch in Mikrosekunden abläuft, so läßt sich doch durch eine noch kürzere oszillografische Zeitablenkung sein Übergangsverhalten analysieren. Bild 54 zeigt den Anstieg eines 100-kHz-Schaltimpulses. Der bei einer Zeitablenkung von z. B. $T_K = 10\,\mu s$ noch als steile Flanke erscheinende Verlauf stellt sich bei einer Zeitauflösung von etwa 0,1 µs für den Vorgang als Verzögerung höherer Ordnung dar. Um trotz des allmählichen Übergangs von einem Schaltzustand in den anderen die Anstiegszeit T_a des Impulses näherungsweise angeben zu können, werden 80% der Impulshöhe zugrunde gelegt. Für Bild 54 gilt $T_a \approx 110$ ns. Ähnliche Verhältnisse zeigt Bild 56b. Durch das Meßgitter wird die Auswertung sehr erleichtert. Der Einsatz des EO zur Sichtbarmachung von Schaltvorgängen ist vor allem bei kontaktlosen Steuerungen notwendig (Bild 71). Hier bietet er die einzige Möglichkeit der sicheren Signalverfolgung und Fehlersuche.
Bei hydraulischen und pneumatischen Schaltvorgängen geht es vor allem um die Größen, Druck, Förderstrom, Weg und Kraft, wie sie auch bei der Anlage nach Bild 42 u. a. gemessen werden. Ein Beispiel aus der pneumatischen Rechentechnik zeigt Bild 55. Es handelt sich um einen

Meßplatz zur Untersuchung des Schaltverhaltens von pneumatischen Logikelementen. Für die Druckaufnahme wurden spezielle piezoelektrische Meßfühler für den Niederdruckbereich entwickelt. Über eine Elektrometerröhrenstufe und einen Nachverstärker wird das elektrische Drucksignal an den einen Meßeingang des Doppelstrahl-EO (Duoskop nach

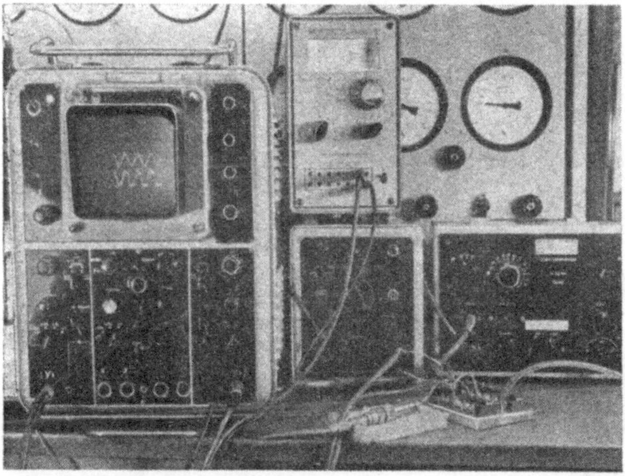

Bild 55. Meßplatz für pneumatische Logikelemente (Werkfoto: VEB Elektronische Rechenmaschinen, Karl-Marx-Stadt)

Bild 21) gegeben. Zur Zeit- bzw. Frequenzmessung liegt am anderen Meßeingang die Spannung eines Tongenerators. Das Schirmbild zeigt beide Kurvenzüge. Die Prüffunktion läßt Einschwingvorgänge erkennen. Ähnlich lassen sich auch RC-Nachbildungen usw. untersuchen. Wenn auch bei pneumatischen Schaltelementen mit Zeitkonstanten von einigen Millisekunden zu rechnen ist, so ist doch die elektrische Messung unübertrefflich und der EO das einfachste und zuverlässigste Anzeigegerät.

7.7. Aufnahme von Übergangs- und Gewichtsfunktionen

Die Übergangsfunktion $h(t)$ ergibt sich bei linearen Übertragungsgliedern durch Division der Sprungantwort $x_a(t)$ durch die Sprunghöhe des Eingangssignals $x(t) = E\,1(t)$; es ist also:

$$h(t) = \frac{x_a(t)}{E\,1(t)^1} \quad \text{[RA 40]} \tag{37}$$

Übergangsfunktion und Sprungantwort unterscheiden sich also nur durch ihre Dimensionen. Die Aufnahme von Sprungantworten gleicht der von Schaltvorgängen (Abschn. 7.6.). Die Sprungerzeugung erfolgt stets durch einen Schaltvorgang, d. h. durch das kurzzeitige Überwechseln von einen stabilen Schaltzustand in den anderen. Die Sprungantwort muß bei Größen nichtelektrischer Natur in einen Spannungsverlauf umgeformt und mit richtig gewählter Zeitablenkung aufgelöst werden. Bild 56a zeigt die Sprungantwort eines Kraftmeßfühlers. Die Meßumformung wurde mit Dehnungsmeßstreifen durchgeführt, der höchsten dynamischen Ansprüchen genügt [RA 13]. Auch das eingesetzte Trägerfrequenzmeßgerät war so ausgelegt, daß Verzerrungen ausgeschlossen sind. Die Zeitablenkung

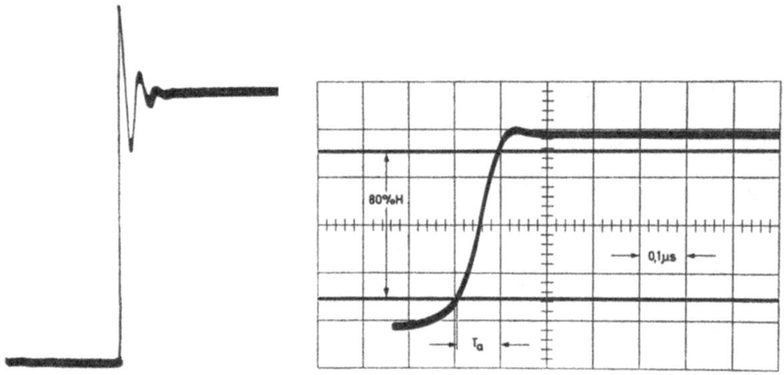

a) b)

Bild 56. Übergangsfunktionen

a) Kraftmeßfühler

b) Elektronischer Verstärker

hätte jedoch kürzer sein müssen, damit die Verzögerungstendenz besser zu erkennen ist. Bild 56b zeigt deshalb im Vergleich dazu die Sprungantwort eines elektronischen Meßverstärkers. In dieser ist jedoch die Abweichung des Eingangssprungs von der idealen Rechteckform mit enthalten. Wie im Bild 54, so ist auch hier wieder die Anstiegszeit T_a eingetragen.

Ist die Anstiegszeit der Sprungantwort wesentlich größer als die Nachleuchtzeit normaler Oszillografenröhren, so muß mit Nachleucht- oder Sichtspeicherröhre gearbeitet werden. Das gilt besonders für verhältnismäßig träge Übertragungsglieder z. B. für Temperaturregelstrecken.

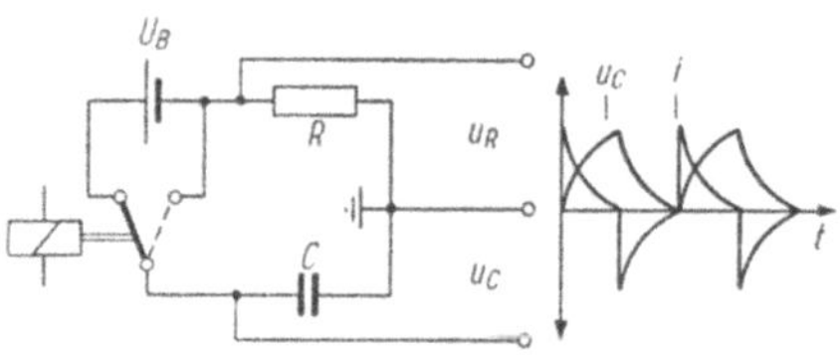

Bild 57. Abbildung von Übergangsfunktionen durch periodisches Schalten (Lade- und Entladevorgang bei RC-Glied)

Beim Fehlen einer Nachleuchtröhre und bei Sprungantwortzeiten im Bereich von Sekunden ist es oftmals günstig, den einmaligen oder Einzelvorgang in einen periodischen oder wiederholbaren Vorgang umzuwandeln. Bild 57 zeigt hierzu das Beispiel über den Lade- und Entladevorgang bei einem *RC*-Glied. Das Umschaltrelais kann als Selbstunterbrecher geschaltet werden. Der Stromverlauf wird als Spannungsabfall u_R am Widerstand R abgenommen. Zur Darstellung beider Übergangsfunktionen muß mit Doppelstrahl-EO gearbeitet werden. Der Ladespannungsverlauf ergibt sich nach Gl. (19) und für die Entladung gilt

$$u_t = U_B \cdot e^{-\frac{t}{R \cdot C}} \quad \text{und} \tag{38}$$

$$i_t = \frac{U_B}{R} \cdot e^{-\frac{t}{R \cdot C}} \tag{39}$$

Die Gewichtsfunktion $g(t)$ ist die Stoßantwort $x_a(t)$ auf die Stoßfunktion $x_e(t)$ (Nadelimpuls, dividiert durch das Zeitintegral des Eingangssignals). Ist die Fläche des Zeitintegrals des Stoßes F, so gilt

$$g(t) = \frac{x_a(t)}{F} = \frac{x_a(t)}{\int_0^\infty x_e(t)\,dt} \quad [RA\ 40] \tag{40}$$

Der Zusammenhang zwischen Gewichtsfunktion und Übergangsfunktion ist durch die Beziehung

$$g(t) = \frac{d}{dt} h(t) \tag{41}$$

gegeben. Für die Aufnahme von Gewichtsfunktionen gilt das gleiche wie für die Aufnahme von Übergangsfunktionen. Da die Stoßantwort meistens als Einzelvorgang auftritt, ist für die Aufnahme eine Nachleucht- oder Sichtspeicherröhre zweckmäßig. Selbstverständlich können auch hier wieder mechanische Vorgänge bei entsprechender Abbildung untersucht werden.

7.8. Aufnahme von Frequenzkennlinien und Ortskurven

Der Frequenzgang $F(j\,\omega)$ eines Übertragungsgliedes, z. B. eines Hoch- oder Tiefpasses, symbolisiert die Abhängigkeit des Verhältnisses von Ausgangsgröße zu sinusförmiger Eingangsgröße von der Frequenz. In elektrischen Netzwerken verhalten sich die Spannungen proportional zu den Widerständen, an denen sie abfallen. Für das I-Glied nach den Bildern 12a, 41b und 49a gilt deshalb

$$F(j\,\omega) = \frac{1}{1 + j\,\omega RC} \tag{42}$$

und für das D-Glied nach den Bildern 12a und 49b

$$F(j\,\omega) = \frac{j\,\omega RC}{1 + j\,\omega RC} \tag{43}$$

Im Diagramm wird der Frequenzgang $F(\mathrm{j}\,\omega)$ durch den Amplitudengang $|F(\mathrm{j}\,\omega)| = A(\omega)$ und den Phasengang $\arg F(\mathrm{j}\,\omega) = \varphi(\omega)$ dargestellt. Beide werden als Frequenzkennlinien bezeichnet. Ihre Vereinigung in einem Diagramm mit logarithmischen Koordinaten wird auch Bode-Diagramm genannt.
Die Aufnahme des Amplitudengangs kann experimentell so erfolgen, daß bei konstanter sinusförmiger Eingangsspannung die Ausgangsspannung des Vierpols gemessen wird. Die Messung kann mit Meßsender und Röhrenvoltmeter oder mit EO durchgeführt werden. Der Phasengang läßt sich mit einer speziellen Brückenschaltung oder zweckmäßigerweise mit EO

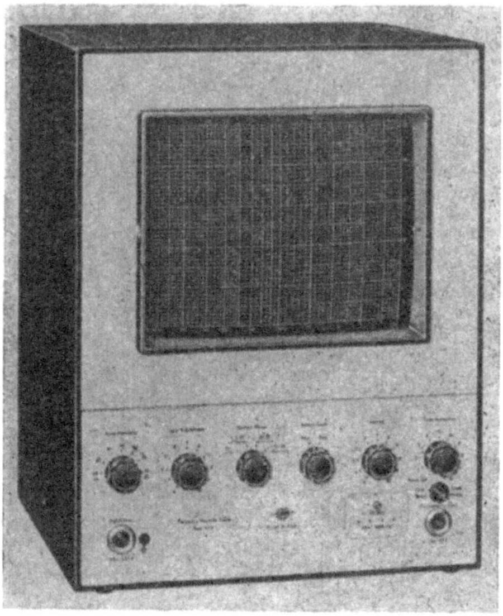

Bild 58. NF-Pegelbildgerät zur Darstellung von Spektrogrammen und Frequenzgängen (Werkfoto: Brüel & Kjaer, Naerum/Dänemark)

und Lissajouscher Figur aufnehmen. Möglich ist auch, die Phasenkennlinie nach Gl. (24) aus der Amplitudenkennlinie zu berechnen. Da eine derartige Aufnahme des Frequenzgangs etwas zeitraubend ist, wird sie bei Serienmessungen oder -prüfungen mit Wobbler oder mit Spektrograf und Mitlaufgenerator, z. B. mit dem Frequenzgangmeßplatz nach Bild 36, durchgeführt. Durch Wobbelung wird auf dem EO, ähnlich wie bei der Filterkurve nach den Bildern 26 und 30a sofort die zusammenhängende Amplitudenkennlinie $A = f(\omega)$ geschrieben (Abschn. 5.8.). Aus dieser läßt sich nach Gl. (24) die Phasenkennlinie $\varphi = f(\omega)$ ableiten. Das kann mittels elektronischer Schaltung geschehen, so daß sich beide Kennlinien auf dem EO zugleich darstellen lassen. Das Schreiben kann einmalig mit Nachleuchtung oder Sichtspeicherung oder periodisch durch Wobbelung erfolgen.
Ein ebenfalls zur Abbildung von Frequenzkennlinien geeignetes Gerät ist das NF-Pegelbildgerät nach Bild 58. Es ist mit einer nachleuchtenden 36-cm-Bildröhre bestückt und wird vorzugsweise für die Fertigungskontrolle, aber auch für Labormessungen eingesetzt. Die X-Ablenkung ist

dem Logarithmus der Eingangsspannung proportional und die Y-Ablenkung läßt sich wahlweise linear oder logarithmisch umschalten. Die wechselbaren X-Einschübe sind für die Frequenzbereiche von 200 Hz bis 5 kHz und von 20 Hz bis 20 kHz ausgelegt. Zur Sicherung gegen Schirmeinbrennen wird die Bildhelligkeit mit der Geschwindigkeit der Horizontalablenkung geregelt [18]. Ebenfalls zur Abbildung von Spektrogrammen und Frequenzkennlinien ist die Meßanlage nach Bild 72 geeignet [18].

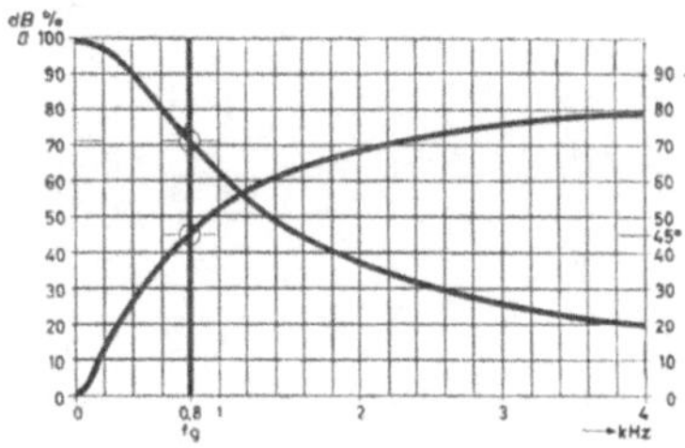

a)

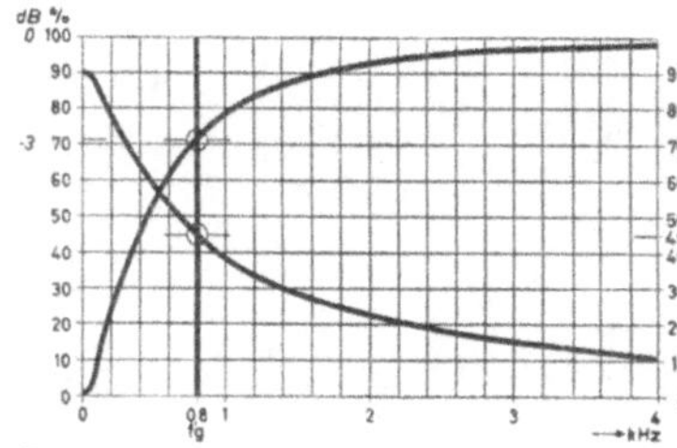

b)

Bild 59. Frequenzkennlinien

a) Tiefpaß (*I*-Glied; Amplitude fallend, Phasenwinkel ansteigend)
b) Hochpaß (*D*-Glied; Amplitude ansteigend, Phasenwinkel fallend)

Bild 59a zeigt zu der Frequenzganggleichung Gl. (42) des I-Gliedes, mit den Daten nach Bild 49, die Frequenzkennlinien. Der Amplitudengang hat abfallenden und der Phasengang ansteigenden Verlauf. Bei der Grenzfrequenz f_g ist die Amplitude auf $1/\sqrt{2} = 70{,}7\,\% \mathrel{\hat{=}} -3$ dB ihres Anfangswertes abgefallen. Der Phasenwinkel hat dabei gegenüber der Eingangsspannung eine Nacheilung von 45°. Die Grenzfrequenz ergibt sich aus der Beziehung

$$f_g = \frac{1}{2 \cdot \pi \cdot \tau} \tag{44}$$

und der Phasenwinkel im Bogenmaß aus

$$\varphi = \operatorname{arc\,cos} \frac{1}{\sqrt{1 + \omega^2 \tau^2}} \tag{45}$$

Bild 59b zeigt zu der Frequenzganggleichung Gl. (43) des D-Gliedes, mit den Daten nach Bild 49, die entsprechenden Frequenzkennlinien. Dabei zeigt der Amplitudengang ansteigendes und der Phasengang abfallendes Verhalten. Für die Grenzfrequenz gilt Gl. (44) und für den Phasenwinkel im Bogenmaß

$$\varphi = \operatorname{arc\,cos} \frac{1}{\sqrt{1 + \frac{1}{\omega^2 \tau^2}}} \tag{46}$$

Dieser hat gegenüber der Eingangsspannung eine Voreilung von 45°.

Bei der spektrografischen Frequenzgangaufnahme wird die Zusammensetzung der Harmonischen des Ein- und Ausgangssignals, z. B. einer Rechteckimpulsfolge, gemessen und ausgewertet. Bild 37 zeigt z. B. einen 1-kHz-Rechteckimpuls und sein Spektrogramm. Im Bild 49 wurde die Verformung dieses Impulses durch ein aus gleichen Bauelementen zusammengesetztes *I*- oder *D*-Glied gezeigt. Die Spektrogramme der verformten Rechteckschwingungen sind im Bild 60 zu sehen. Die linken

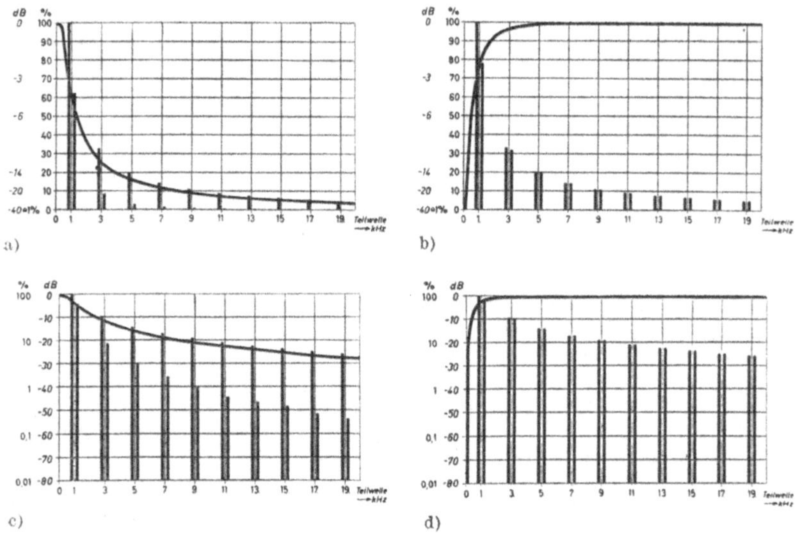

Bild 60. Spektrogramme

a) Tiefpaß (*I*-Glied), linear
b) Hochpaß (*D*-Glied), linear
c) logarithmisch
d) logarithmisch
(linke Striche Harmonische des Eingangssignals, rechte des Ausgangssignals)

Striche sind die Amplituden der Harmonischen des Eingangssignals (siehe auch Bild 37) und die rechten des Ausgangssignals. Bildteil *a* zeigt, daß durch das *I*-Glied die höheren Harmonischen zunehmend benachteiligt werden, während diese auf Bildteil *b* ungedämpft bleiben. Dafür wird aber die Grundwelle etwas geschwächt. Die Bildteile *c* und *d* zeigen die logarithmische Darstellung. Bei Meßplätzen nach Bild 36 ist es fast immer möglich, die Ergebnisse sowohl auf dem Bildschirm zu beobachten als auch mittels Direktschreibers zu dokumentieren. Bei logarithmisch geteilter Ordinate sind kleine Änderungen nicht so gut erkennbar. Es ergibt sich aber bei Kettenschaltung mit anderen aktiven oder passiven Vierpolen der Vorteil der Addition von Verstärkungs- und Dämpfungsgraden.

Zur Aufnahme des Frequenzgangs kann auch die Übergangs- oder Gewichtsfunktion dienen. Das ist jedoch nur mittelbar und durch mathematische Transformation möglich. Bei linearen Gliedern gilt für die

Übergangsfunktion

$$h(t) = \mathfrak{L}^{-1} \left\{\frac{F(p)}{p}\right\}; \; p = \mathrm{j}\,\omega \tag{47}$$

$$F(p) = \int\limits_0^\infty \frac{\mathrm{d}h(t)}{\mathrm{d}t}\, \mathrm{e}^{-pt}\, \mathrm{d}t = p \int\limits_0^\infty h(t)\, \mathrm{e}^{-pt}\, \mathrm{d}t \tag{48}$$

und für die Gewichtsfunktion

$$g(t) = \mathfrak{L}^{-1} \{F(p)\} \tag{49}$$

$$F(p) = \int\limits_0^\infty g(t)\, \mathrm{e}^{-pt} = \mathfrak{L}\, \{g(t)\} \tag{50}$$

Während man bei Frequenzkennlinien die Frequenzabhängigkeit der Amplitude und des Phasenwinkels von der Frequenz in kartesischen Koordinaten darstellt, wird bei Ortskurven jeweils die Amplitude als Funktion des Phasenwinkels in der komplexen Ebene abgebildet. Die Frequenz erscheint damit nicht mehr als Veränderliche, sondern als Parameter. Bereits eine gedämpfte Schwingung läßt sich mit Hilfe einer Kreiszeichnerschaltung in Polarkoordinaten darstellen [4]. Dabei ergibt sich, wie Bild 61a zeigt, eine logarithmische Spirale. Bilder 61b und c zeigen

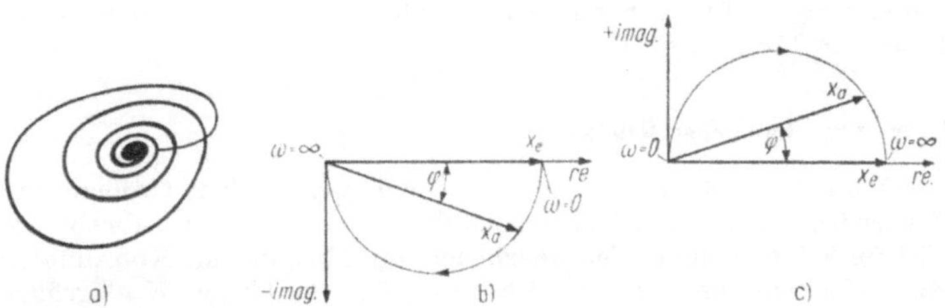

Bild 61. Ortskurven-Aufnahme

a) **gedämpfte Schwingung**
b) **Tiefpaß (*I*-Glied)**
c) **Hochpaß (*D*-Glied)**

die Ortskurven der *I*- und *D*-Glieder, zu denen die Kennwerte und Frequenzkennlinien nach Bild 59 gehören. Im Bild 61b ändert sich bei 90°-Drehung zwischen $\omega = 0$ und $\omega = \infty$ die Ausgangsgröße x_a von ihrem Eingangswert x_e auf null. Im Bild 61c ändert sich x_a zwischen $\omega = 0$ und $\omega = \infty$ von Null auf x_e. Bei beiden Vierpolen ist die Ortskurve ein Halbkreis mit Frequenzskale. Eine Ortskurve ähnlich Bild 61a haben Übertragungsglieder mit Verzögerung und Totzeit

$$\left(F(p) = K\, \frac{\mathrm{e}^{-T_t p}}{1 + T_1 p}\right)$$

Bei der oszillografischen Darstellung kann die Ortskurve sowohl nach dem Wobbelprinzip als auch nach dem spektrografischen Meßverfahren geschrieben werden. Durch Wobbelung ergibt sich bei x_e = konst. sofort die richtige Ausgangsamplitude bzw. die Zeigerlänge x_a. Das Argument φ zu x_e und x_a läßt sich in einer phasenempfindlichen Meßbrückenschaltung gewinnen. Der Impedanzwobbler nach Bild 62 vereinigt alle zur Darstellung von Frequenzkennlinien und Ortskurven notwendigen Teilgeräte und Baugruppen. Er gestattet damit die vollständige Kennzeichnung von Zwei- und Vierpolen. Die Darstellung kann wahlweise komplex

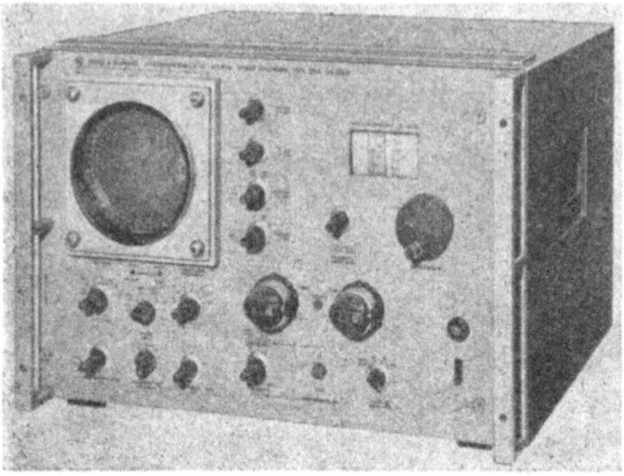

Bild 62. Impedanzwobbler Typ ZWA BN 3501 (Werkfoto: Rohde & Schwarz, München)

(Ortskurve) oder nach Betrag und Phase getrennt (Frequenzkennlinien) linear oder logarithmisch erfolgen. Der Frequenzbereich ist im Verhältnis 1 : 50 veränderbar. Er kann auf einmal oder in Teilbereichen durchgewobbelt werden [18].

7.9. Messung mechanischer Größen

Von der Vielzahl der elektrisch meßbaren nichtelektrischen Größen wird der EO vorwiegend zur Messung mechanischer Größen sowie diesbezüglicher Zeitfunktionen und Veränderlicher mit beliebigen Koordinaten eingesetzt. Meistens handelt es sich um Weg- und/oder Kraftgrößen sowie um ihre mathematischen Ableitungen und Verbindungen. Stets muß jedoch vorher die zu messende nichtelektrische Größe in ein Spannungssignal umgeformt werden. In verschiedenen Abschnitten wurde bereits auf die Anzeige mechanischer, hydraulischer und pneumatischer Größen mittels EO hingewiesen. Es gibt jedoch noch eine ganze Anzahl weiterer Einsatzmöglichkeiten.
Als Spezialgebiet hat sich die Schwingungsmeßtechnik entwickelt. Meßgrößen sind Schwingweg (Amplitude), Verdrehungswinkel, Geschwindigkeit, Beschleunigung und Frequenz. Zwar sind oftmals dokumentierfähige Diagramme erwünscht; in den meisten Fällen genügt jedoch die Beobachtung und Auswertung auf dem Bildschirm einer EO-Röhre. Die Bilder 63 und 64 zeigen die Schwingungskontrolle auf einem Hydraulikprüfstand. Die Schwingungsaufnahme erfolgt durch elektrische Dehnungsmessung. Als Meßfühler werden Dehnungsmeßstreifen verwendet. Bild 63 gestattet den Blick in eine der zwei baulich vom Maschinenraum abgetrennten Prüfkabinen und Bild 64 auf das im ebenfalls abgetrennten Meßraum befindliche Meß- und Steuerpult. Das kleine EO-Gerät auf dem Meßpult dient der Schwingungsanzeige. Es erhält von dem elektrischen

Dehnungsmesser D3 (VEB TPW Thalheim), der die Drehmomentgrößen anzeigt, sein Eingangssignal.
Der Schwingungsmeßplatz nach Bild 65 ist für piezoelektrische, induktive Meßfühler und solche mit Dehnungsmeßstreifen geeignet. Er hat drei Meßkanäle. Für die sofortige Anzeige ist ein EO-Teil eingebaut. Die einstellbare Zeitablenkung ist triggerbar. Die Anschlußmöglichkeit für einen Lichtstrahloszillografen oder Direktschreiber ist vorgesehen.
Etwas vielseitiger ist die Universalmeßanlage von Disa, zu der das Gerät nach Bild 24 gehört. Zu der Gesamtmeßanlage gehören ein umfang-

Bild 63. Prüfkabine eines Hydraulikprüfstandes (Werkfoto: VEB Industriewerke Karl-Marx-Stadt)

Bild 64. Meß- und Steuerpult zum Prüfstand nach Bild 63 (Werkfoto: VEB Industriewerke Karl-Marx-Stadt)

reiches Meßfühlersortiment für Kraft, Druck und Weg sowie spezielle Fühler für Schwingungen und Kolbenhub sowie mehrere Zusatzgeräte für Mehrkanaldehnungs- und strömungstechnische Messungen. Der Anlage liegt zu einem großen Teil das kapazitive Meßverfahren zugrunde. Das

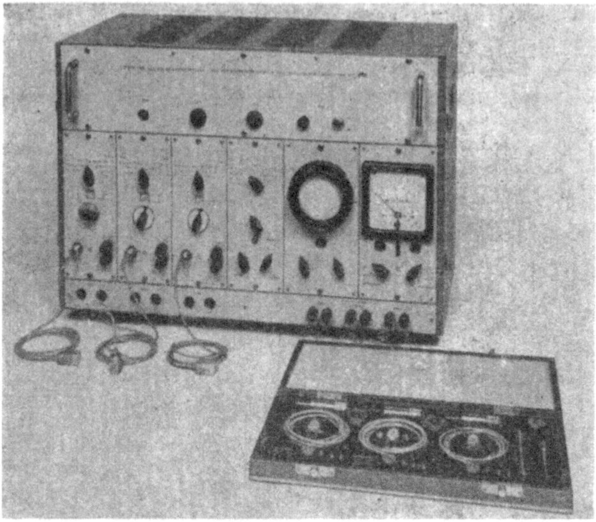

Bild 65. Schwingungsmeßplatz SDM 132 mit 3-Kanalmeßgerät und einem Sortiment piezoelektrischer Meßwertaufnehmer (Werkfoto: VEB Schwingungstechnik und Akustik Dresden)

Gerät nach Bild 24 ist in Einschubtechnik ausgeführt. Für die verschiedenen Meßaufgaben stehen Einschübe zur Verfügung. Der umfangreiche EO-Teil ist mit einer Zweistrahlröhre ausgerüstet. Das Kippspannungsgerät ist triggerbar und hat einen großen geeichten Zeitablenkbereich (0,08 cm/s bis 1 cm/µs). Der eingebaute Zeitmarkengenerator gestattet sowohl Y- als auch Z-Modulation. Das Messen von strömungstechnischen Größen erfolgt auf Anemometerbasis [18].

Als einfacher Abstimmanzeiger wird die Oszillografenröhre bei der Dehnungsmessung nach dem Spannseitenmeßverfahren verwendet. Das Meßprinzip zeigt Bild 66. Eine ausgespannte Metallsaite mit der Länge l, der Dichte ϱ, dem Elastizitätsmodul E und der Eigenfrequenz für die Grundschwingung

$$f_e = \frac{1}{2 \cdot l}\sqrt{\frac{\Delta l \cdot E}{l \cdot \varrho}} = \frac{1}{2 \cdot l}\sqrt{\frac{\sigma}{\varrho}} \quad ; \sigma = \text{mechanische Spannung} \tag{51}$$

wird kraftschlüssig auf das zug- oder druckbeanspruchte Bauteil gebracht. Durch die Längenänderung $\Delta l = \varepsilon \cdot l$ ändert sich die Eigenfrequenz. Die Eigenfrequenz der Vergleichsseite wird auf den gleichen Wert eingestellt, die Frequenzgleichheit wird mit Hilfe der Lissajouschen Figuren auf dem Bildschirm ermittelt.

Die Meßgröße wird an der Grob- und Feineinstellung der Vergleichsseite abgelesen. Die EO-Röhre dient also nur als Abstimmanzeiger. Mittels Spannsaitenmeßfühlers lassen sich Weg-, Dehnungs-, Temperatur-, Kraft- und Drehmomentmessungen durchführen. Wegen der Frequenzmodulation ist das Spannsaitenmeßverfahren auch bei Meßleitungslängen von mehreren Kilometern sowie unter sehr ungünstigen Umweltbedingungen, z. B. im Bergbau und in Chemieanlagen, geeignet [5, 18].

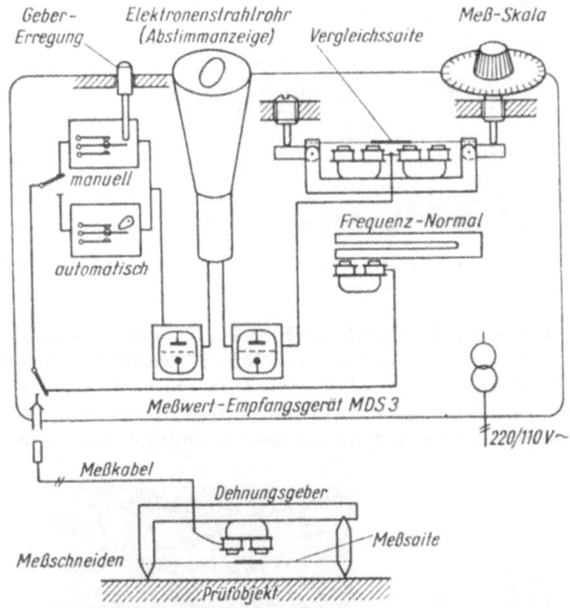

Bild 66. Spannsaitenmeßverfahren (Werkbild: H. Maihak AG, Hamburg)

Bei der Untersuchung von Wärmekraftmaschinen, Pumpen, Kompressoren sowie von hydraulischen und pneumatischen Anlagen geht es um die gegenseitige Abhängigkeit von Druck-, Weg- oder Winkelgrößen zur Bestimmung von beispielsweise Kompressionsmaxima, Förderströmen, Zündzeitpunkten oder indizierten Leistungen. Außerdem interessieren noch bei solchen Messungen Drehzahl, Drehmoment, Schwingneigung und Geräuschpegel. Besonders der Flugzeug-, Schiff-, Kraftfahrzeug- und Werkzeugmaschinenbau stellt immer höhere Forderungen an die Zuverlässigkeit der eingesetzten Aggregate sowie an die Konstanz der kennzeichnenden Daten. Die piezoelektrische Meßanlage PM-4 nach Bild 67 ist für Entwicklungslabors und Prüffelder bestimmt [18]. Sie ist in Einschubtechnik ausgeführt und mit einem umfangreichen EO-Teil ausgestattet, der mit einer Zweistrahlröhre bestückt ist. Jedem System sind zwei Gleichspannungsverstärker für die X- und Y-Ablenkung zugeordnet. Außerdem sind Verstärker für Synchronisierung und Z-Modulation sowie ein Zeitmarkengenerator eingebaut. Der flutlichtbeleuchtete

Meßraster erleichtert die Auswertung der Schirmbilder. Für fotografische Aufnahmen lassen sich Kleinbild-Spiegelreflexkameras aufsetzen. Mehrere Zusatzmeßeinrichtungen, wie Druckmeßfühler, Schwingungsaufnehmer,

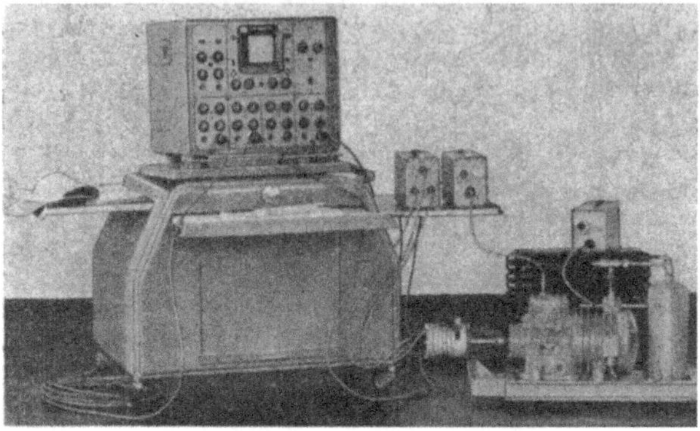

Bild 67. Piezoelektrische Meßanlage PM-4 (Werkfoto: VEB Meßgerätewerk Zwönitz)

Elektrometerstufen, Kurbelwinkel- und Kolbenwegübertrager usw., ergänzen die Meßanlage. Das Oszillogramm nach Bild 25 wurde mit dieser Anlage aufgenommen. Es ist auch möglich, den Druckverlauf statt weg- oder winkelabhängig zeitabhängig aufzunehmen und dafür eine Registrierkamera einzusetzen. Bild 68a zeigt ein solches Indikatordiagramm

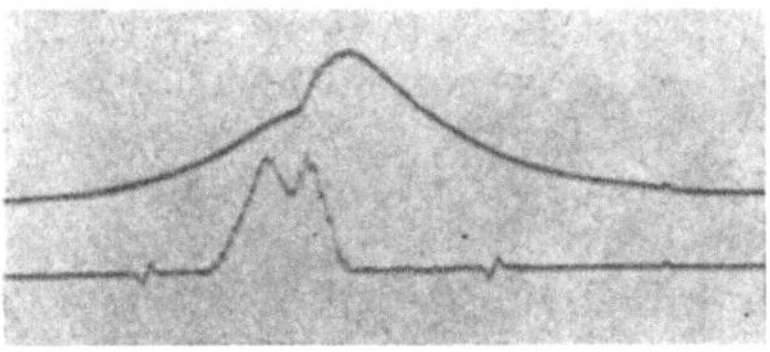

a)

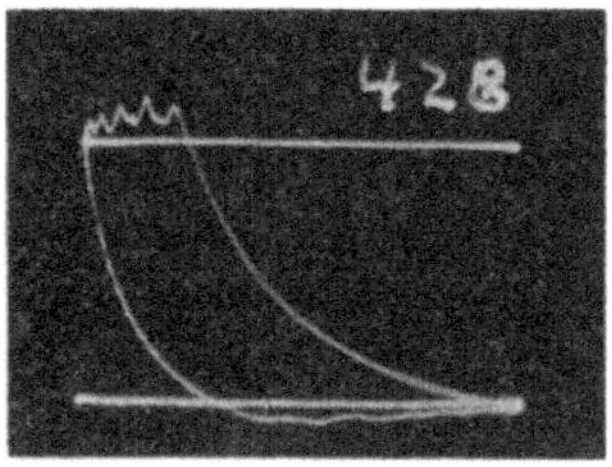

c)

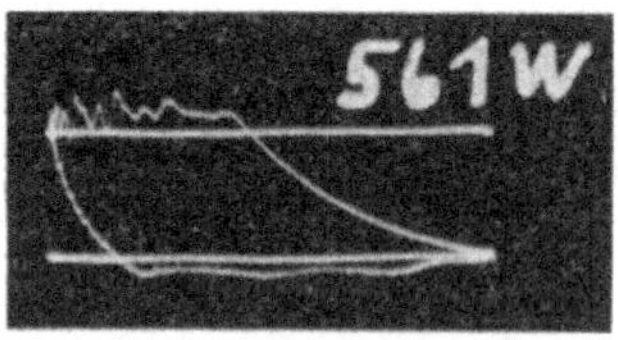

b)

Bild 68. Indikatordiagramme

a) Viertakt-Dieselmotor, zeitabhängig (obere Kurve: Druckverlauf im Zylinder; untere Kurve: Druckverlauf in der Einspritzleitung)

b, c) einstufiger Kolbenverdichter, wegabhängig (Druckverlauf im Zylinder)

(oberer Kurvenzug) von einem Viertakt-Dieselmotor. Mit dem unteren Kurvenzug wurde der Druckverlauf in der Einspritzleitung aufgenommen. Diesem Kurvenzug sind Spannungsimpulse überlagert (Y-Modulation), die zur Kennzeichnung der Kolbenstellung dienen. Bilder 68b und c zeigen im Vergleich dazu wegabhängige Indikatordiagramme eines luftgekühlten, einstufigen Kolbenverdichters für 3000 U/min. Der Kolbenhub beträgt

60 mm und die Zylinderbohrung 105 mm. Das Diagramm wurde bei 1500 U/min sowie 1 kp/cm² Ansauge- und etwa 5 kp/cm² Enddruck aufgenommen.

Ähnlich werden auch hydraulische und pneumatische Größen gemessen. Oftmals handelt es sich bei solchen Anlagen um eine Kopplung von Meßgrößen verschiedener Natur und Energieform. Bereits bei dem Prüfstand nach Bild 42 geht es um mechanische, hydraulische und elektrische Messungen. Ähnlich ist es bei der Anlage nach den Bildern 63 und 64. Es handelt sich dabei um die Prüfkabine eines u. a. auch für Geräuschmessungen vorgesehenen Hydraulikprüfstandes für große Axialkolbenpumpen. Bild 63 zeigt den aufgespannten und an den hydraulischen Kreis angeschlossenen Prüfling. Zwischen Prüfling und Antriebswelle befindet sich eine Meßnabe zur elektrischen Aufnahme des Drehmoments. Als Meßgerät ist der auf Bild 64 erkennbare Dehnungsmesser D3 vorgesehen. Da die aus Gründen der Geräuschabwehr aus dem Maschinenraum verlängerte Antriebswelle bei höheren Drehzahlen zum Schwingen neigt, wurde zur Schwingungskontrolle ein kleines EO-Gerät auf dem Meßpult montiert.

7.10. Messung akustischer Größen

Von den Schallquellen lassen sich die mit einem Dauerton am einfachsten untersuchen. Die Schallschwingung ist dann ein periodischer Vorgang, der sich leicht auflösen, synchronisieren und auswerten läßt. Von allen natürlichen Schallquellen, wie z. B. Sprache, Gesang, Musik, Geräusch, Lärm, Knall, Donner und Explosion, werden jedoch nichtperiodische Schwingungen abgestrahlt, die sich nicht synchronisieren lassen. Ihre Auswertung ist daher nur nach Speicherung oder fotografischer Aufzeichnung möglich.

Praktische Bedeutung hat die Untersuchung von Schallquellen im Musikinstrumentenbau erlangt. Der EO gestattet z. B. die Untersuchung des Einflusses von Material, Formgebung, Bearbeitung, Oberflächenbehandlung und Alterung. Das gilt besonders für die Fertigung elektronischer Musikinstrumente sowie für Mikrofone, Lautsprecher und Tonspeicher der verschiedensten Arten [15]. Spezielle EO-Geräte mit eingebauten Frequenznormalien ermöglichen das Stimmen von Instrumenten und das Vergleichen von Einzeltönen, z. B. von zwei Klavieren bei Orchestermusik. Besondere Bedeutung für die Klangakustik haben Verzerrungsmessungen. Verzerrungen treten oftmals durch fehlerhafte oder übersteuerte Verstärker auf. Ihre serienmäßige Prüfung wurde bereits im Bild 47 gezeigt. An Einzelobjekten werden Verzerrungen durch Signalverfolgung lokalisiert. Quantitativ lassen sie sich durch Messung oder Berechnung des Klirrfaktors K bestimmen. Dabei handelt es sich um das Verhältnis der Effektivwerte aller Oberschwingungen zum Effektivwert der Grundschwingung, d. h. es gilt

$$K = \frac{\sqrt{A_{2\omega}^2 + A_{3\omega}^2 + A_{4\omega}^2 + \cdots}}{A} \tag{52}$$

Bei der Messung wird zur Ermittlung der Einzelamplituden ein Tonfrequenzspektrometer eingesetzt [6] [15]. Bild 69 zeigt das Spektrogramm einer als 1-kHz-Ton ausgegebenen Schwingung [8]. Das Diagramm läßt erkennen, daß nicht nur höhere Harmonische, sondern auch tiefere Kombinationsfrequenzen die Kurvenform beeinflussen. Die letzteren kommen durch 50-Hz-Netz- und 100-Hz-Gleichrichterrestspannungen sowie durch ihre Oberwellen und durch Intermodulation zustande. Die „Verbrummung", z. B. durch 50 Hz- oder 100 Hz-Restspannung, kann mit keinem Meßgerät so gut wie mit dem EO nachgewiesen werden.

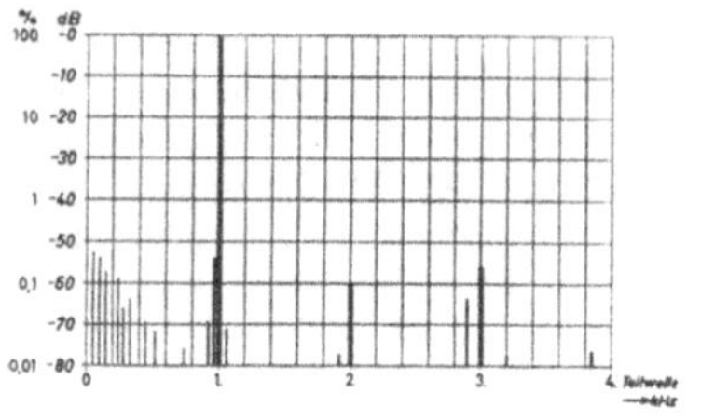

Bild 69. Spektrogramm eines verstärkten 1-kHz-Tones

Bei der technischen oder Geräuschakustik geht es entweder um das Messen des Gesamtpegels oder um die Pegelmessung von bestimmten Frequenzbändern. Schallmessungen (dB) sind reine Druckmessungen, während bei den Lautstärkemessungen (phon) die Frequenzabhängigkeit des menschlichen Gehörs berücksichtigt wird. Die Unterteilung des Tonfrequenzbereiches erfolgt nach Oktaven oder Terzen. Entsprechend sind auch Tonfrequenzspektrografen und -spektroskope (Hersteller z. B. Brüel & Kjaer, Naerum/Dänemark) mit Oktav- oder Terzfilter ausgestattet. Wird der Frequenzbereich z. B. zwischen 71 und 4500 Hz in Terzen eingeteilt, so ergeben sich 18 Terzbänder mit Mittenfrequenzen zwischen 80 und 4000 Hz. Unter Mittenfrequenz versteht man jeweils das geometrische Mittel von unterer und oberer Grenzfrequenz des Durchlaßbereiches [5].

Die Bedeutung der Geräuschmessung wurde in den letzten Jahren immer größer, da die Schallabstrahlung, z. B. bei hydraulischen Geräten, zu einem entscheidenden Gütekriterium aufrückte. Ihre Messung bedingt jedoch bestimmte räumliche Voraussetzungen, besonders aber die räumliche Trennung und Schallisolierung von anderen Lärmquellen. Bild 63 gestattet den Blick in eine der zwei räumlich getrennten Prüfkabinen, und Bild 64 auf das im Meßraum befindliche Meß- und Steuerpult. Bei speziellen Messungen wird das Aufnahmemikrofon von einer Halterung getragen, die mittels Drehmelders vom Meßpult aus gesteuert wird. Bei Prüfungen genügt die Anzeige mit EO-Gerät, bei Messungen ist ein Direktschreiber günstiger.

Neben der Messung von Schall und Lautstärke als Selbstzweck ist noch das Prüfen und Messen von Bewegungsvorgängen und Gleiteigenschaften mit Hilfe von Geräuschaufnahmen von Interesse (Abschn. 7.3.). Wie bereits erwähnt, ist es dadurch möglich, z. B. Material- und Bearbeitungsfehler sehr schnell und elegant festzustellen. Bei der Serienprüfung von Pumpen (Bild 63), Kompressoren, Motoren, Getrieben usw. werden nacheinander Mikrofone an vorgegebene Gehäusestellen gebracht und die aufgenommenen Oszillogramme oder Spektrogramme ausgewertet.

Ebenfalls mit Mikrofon, Tongenerator, Lautsprecher und EO lassen sich die akustischen Eigenschaften von Räumen untersuchen. So ist es möglich, Reflexionen und Nachhallzeiten zu messen sowie schalltote Zonen und günstigste Aufstellorte zu bestimmen [15]. Die Ansprüche an EO für akustische Messungen sind gering, so daß sich auch jeder Service-EO dafür eignet.

7.11. Messung lichtelektrischer Größen

Viele lichttechnische und optische Messungen haben dynamischen Charakter, so daß sie sich nur mit EO durchführen lassen. Es gibt jedoch auch Anwendungen, die auf statischer oder quasistatischer Ebene liegen, für die aber die EO-Anzeige ebenfalls Vorteile hat, weil der meist hochohmige Verstärkereingang die Fotobauelemente nur wenig belastet. Die EO-Gleichspannungsverstärker gestatten außerdem die oftmals notwendige Verstärkung von Gleichwerten. Ein Beispiel hierfür ist die Aufnahme von Lichtstromkurven mittels Fotozelle, Fotoelementes oder Fotowiderstandes (Bild 70a) [15]. Bei Glühlampen schwankt der Lichtstrom mit doppelter Netzfrequenz. Die Schwankungen um den Mittelwert liegen bei etwa $\pm 20\%$. Sie nehmen mit ansteigender Leistung ab. Ihre Messung mittels EO ist sehr einfach. Notwendig und aufschlußreich ist oftmals das Messen des Einschaltstromes von Glühlampen, der ein Mehrfaches des Dauerstromes beträgt. An Wechselspannungsnetzen ist der Einschaltstrom sehr stark von der Phasenlage der Spannung im Einschaltmoment abhängig. Im Spannungsmaximum ist er am größten. Bei der oszillografischen Darstellung muß der Einschaltmoment gegenüber der Auslösung der einmaligen Zeitablenkung verzögert werden.
Besondere Bedeutung haben oszillografische Messungen bei Gasentladungslampen, da diese nach jeder Spannungshalbwelle löschen und dann wieder neu zünden. Der Lichtstrom schwankt dadurch sehr stark mit doppelter Netzfrequenz. Die Leuchtschicht vergrößert zwar die Nachleuchtung etwas, die Schwankung ist aber trotzdem beträchtlich. Um Gefahren durch stroboskopische Effekte besonders an umlaufenden Maschinen zu mindern, werden oftmals Leuchten mit zwei Lampen phasenverschoben geschaltet. Die eine Lampe erhält eine Vorschaltdrossel und die andere einen Vorschaltkondensator. Durch diese Maßnahme verringern sich die Helligkeitsschwankungen. Eine ähnliche Wirkung läßt sich durch Verteilung der einzelnen Lampen einer Leuchte auf mehrere Phasen des Drehstromnetzes erreichen. Das Verhältnis vom kleinsten zum größten Lichtstromwert

$$G = \frac{\varphi_{\min}}{\varphi_{\max}} \tag{53}$$

wird als Gleichmäßigkeitszahl bezeichnet. Der sog. Flimmerfaktor ist dann

$$F = \frac{\varphi_{\max} - \varphi_{\min}}{\varphi_{\max} + \varphi_{\min}} \tag{54}$$

Für das Messen und Auswerten dieser Größen ist der EO gut geeignet. Hierfür genügt ein einfaches Gerät und eine Meßschaltung nach Bild 70a.

Sind mehrere Größen zugleich darzustellen, so muß mit Mehrstrahl-EO oder elektronischer Umschaltung gearbeitet werden. Durch die Vorschaltdrossel und das periodische Zünden und Löschen der Gasentladungslampe kommt es zu sich ebenfalls wiederholenden Einschwingvorgängen, die sich nur mit dem EO sichtbar machen lassen. Auch die von den Schaltvorgängen ausgehenden HF-Störspannungen sind damit nachweisbar.

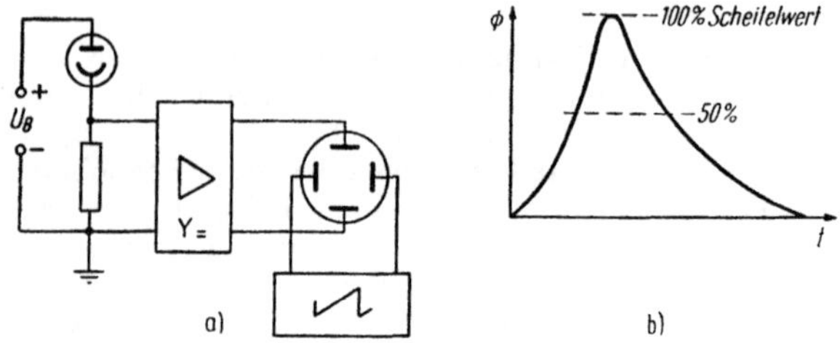

Bild 70. Fotoelektrische Messungen

a) Meßschaltung
b) Lichtstromkurve (zeitabhängig)

Die stufenlose Helligkeitseinstellung ist bei Leuchstoffröhren bekanntlich schwieriger als bei Glühlampen. Für größere Anlagen kommen nur Thyratron- oder Thyristorsteuerungen in Frage. Durch diese werden die Brennpausen verlängert, wodurch sich allerdings der Flimmereffekt verstärkt. Für diesbezügliche Einstellungen und Messungen ist der EO gut geeignet. Da die oszillografische Messung bei nur kurzzeitig brennenden Lichtquellen die allein mögliche ist, wird von ihr auch bei einmaligen Vorgängen Gebrauch gemacht. Das gilt besonders für die fotografische Aufnahme und die Fotoblitzbelichtung. Wird bei der letzteren der Lichtstrom als einmaliger Vorgang mit der Schaltung nach Bild 70a oszillografisch aufgenommen, so ergibt sich ein Verlauf nach Bild 70b. Die Fläche unter der Lichtstromkurve ist ein Maß für die gesamte Lichtmenge. Durch oszillografische Zeitenmessungen läßt sich nachweisen, welcher Anteil durch die Öffnungszeit des Verschlusses tatsächlich genutzt wird.
Ähnlich wie die Messungen an Leuchtstofflampen und Fotoblitzlampen werden die Messungen an Ionenröhren und Fotobauelementen durchgeführt [15].

7.12. Einsatz in der Rechenelektronik

In elektrischen Analogrechnern fallen die Ergebnisse als zeitlich veränderliche Gleichspannungen an. Die Lösung erscheint als Kurvenzug auf einem Sichtgerät, beispielsweise auf dem Bildschirm einer Oszillografenröhre. Das eingesetzte Sichtgerät muß einer Reihe von technischen Forderungen genügen. Für die Meßverstärkung kommen z. B. nur Gleichspannungs-Breitbandverstärker in Frage. Die *X*- und *Y*-Maßstäbe müssen wählbar sowie in ihrer Einstellung sehr konstant und auf dem Bildschirm ablesbar sein. Schwankungen der Hilfsenergie dürfen auf das Meßergebnis keinen Einfluß haben. Diesen Forderungen genügt zwar ein moderner

Universal-EO. Da sich dessen Gesamtvorzüge aber nur ungenügend nutzen lassen, sein Komfort und seine Kompliziertheit jedoch den Einsteller belasten würden, ist der Einsatz eines speziellen Sichtgerätes günstiger. Der die Rechenanlage bedienende Ingenieur oder Mathematiker ist voll mit der Lösung des mathematischen Problems beschäftigt, so daß seine Aufmerksamkeit nicht durch zusätzliche Eich- und Einstellvorschriften in Anspruch genommen werden darf.

Ein spezielles Sichtgerät für Analogrechner besteht aus je einem Meßvorverstärker und einem Ablenkverstärker für die X- und für die Y-Richtung sowie einem Zeitablenkgenerator. Die Stromversorgung übernehmen ein Hoch- und ein Niederspannungsnetzteil. Die Bandbreite der Verstärkungskanäle wird durch die geforderte kürzeste Rechenzeit bestimmt. Beträgt diese z. B. 10 ms, so muß die obere Grenzfrequenz bei etwa 35 kHz liegen. Die verwendete Oszillografenröhre muß einen Planschirm haben sowie nachleuchtend sein und zur Erreichung großer Helligkeit und Punktschärfe möglichst mit Nachbeschleunigung arbeiten. Oszillografen der beschriebenen Art werden auch als Mehrkanalgeräte eingesetzt (z. B. Pace-Analogrechner). Sie ermöglichen das qualitative Studium von Einflußgrößen auf die Analogrechenergebnisse.

7.13. Signalverfolgung und Fehlersuche

Bei der Signalverfolgung und Fehlersuche mit Zeigerinstrumenten, magischem Auge oder akustisch wirkenden Geräten kann es leicht zu Irrtümern kommen, weil die Zusammensetzung des getesteten Signals offen bleibt. So ist z. B. durch die erwähnten Meß- und Prüfgeräte in der Anzeige keine Trennung zwischen Nutzsignal und Brummspannung möglich. Über die Form eines Impulses oder einer Impulsfolge und die Polarität sagt eine Effektiv- oder Maximalwertanzeige nichts aus.

Bei der Verwendung eines EO kann das aus Gleich- und/oder Wechselgrößen bestehende Signal unmittelbar angezeigt werden. Jede Veränderung der Signalzusammensetzung bzw. der Impulsverformung ist erkennbar, obwohl der Effektiv- oder der Scheitelwert gleich bleiben kann. Bei hochohmigen Schaltungen und längeren Meßleitungen kann es jedoch leicht zu Verzerrungen und dadurch zu Fehlmessungen kommen. In solchen Fällen ist es ratsam, mit Tastteiler (Bild 20) zu arbeiten. Wird z. B. an einem Eingangswiderstand von 1 MΩ ein Tastteiler 5 MΩ : 100 kΩ verwendet, so verringert sich der für den Meßeingang gültige Innenwiderstand der Spannungsquelle auf ein Zehntel, wobei gleichzeitig der Belastungswiderstand für das Meßsignal auf das Fünffache steigt. Die Verringerung der Meßspannung auf ein Fünfzigstel muß durch zusätzliche Verstärkung ausgeglichen werden. Nicht immer ist es notwendig, HF-Spannungen direkt zu messen oder anzuzeigen. Es kann wichtiger sein, das Modulationssignal abzubilden. Für solche Messungen wird der Tastteiler mit einer Diode und einem Glättungsglied ausgerüstet.

Bei impulsverarbeitenden Geräten und Anlagen haben sich sog. Impulspläne gut bewährt. Diese werden u. a. bei Fernsehgeräten und Datenverarbeitungsanlagen mitgeliefert. Sie lassen sich jedoch auch noch nachträglich, z. B. bei kontaktlosen Steuerungen, aufstellen. Auf Grund eines solchen Planes ist es den Reparaturtechnikern leicht möglich, Fehler und

Fehlerursachen zu finden. Bei umfangreichen oder für die Sicherheit großer Objekte entscheidenden Steuerungen sowie bei Modellanlagen ist es vorteilhaft, einen selbständigen EO-Teil mit auf dem Steuerpult vorzusehen (Bild 64). Das ist besonders dann gerechtfertigt, wenn z. B. bei kontaktlosen Steuerungen Impulse eine ganze Reihe von Bausteinen durchlaufen müssen und dabei immer mehr verformt werden. Bild 71b zeigt die Verformung eines Rechteckimpulses in einem Negator mit der

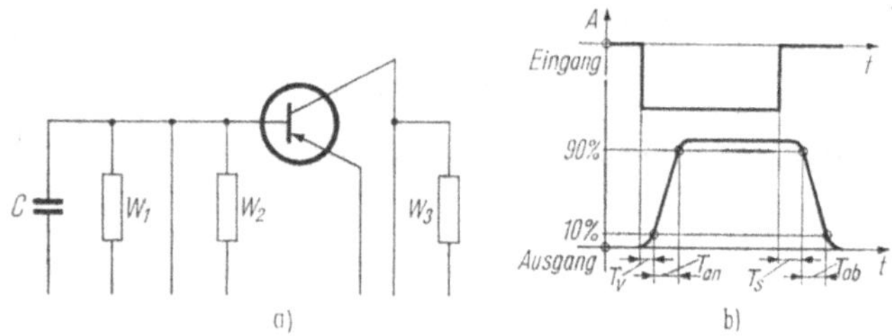

Bild 71. Impulsverformung

a) **Negatorschaltung**
b) **Ein- und Ausgangssignal**

Schaltung nach Bild 71a. Bei 100 kHz Folgefrequenz ergeben sich für $T_v = 0{,}4\ \mu s$ (Verzögerungszeit), $T_{an} = 0{,}5\ \mu s$ (Anstiegszeit), $T_s = 0{,}3\ \mu s$ (Speicherzeit) und $T_{ab} = 1\ \mu s$ (Abfallzeit). Passiert der Impuls noch weitere Stufen, so verformt er sich weiter. Durch diese Verformung können zeitliche Differenzen gegenüber anderen Elementen auftreten, die die einwandfreie Funktion in Frage stellen.

Die Signalverfolgung und Fehlersuche mit EO hat sich zuerst in der Hochfrequenztechnik bewährt, und sie wird sich auch in der BMSR-Technik durchsetzen. Entscheidend für alle Prüfungen und Messungen ist der richtige Betrieb des EO. Zu diesem gehört vor allem die Erdung des Gerätes. Diese ist nicht nur zur Sicherheit gegenüber zu hoher Berührungsspannung, sondern zur Ableitung oder Kurzschließung von Störspannungen, besonders aus dem 50-Hz-Netz, erforderlich. Wie groß die Meßempfindlichkeit des EO gegenüber 50-Hz-Störspannungen ist, läßt sich schon durch Berühren des Meßverstärkereingangs mit dem Finger oder durch Kontakt zu einer nichtgeerdeten Leitung feststellen. Eine gute Erdung ist das oberste Gebot jeder EO-Messung! Bei der Messung an niederohmigen Meßkreisen ($< 50\ k\Omega$) und nicht zu langer Meßleitung (< 2 m) sowie nur geringer Meßverstärkung ist keine abgeschirmte Meßleitung erforderlich. Außerhalb der genannten Bedingungen muß mit abgeschirmten Meßleitungen gearbeitet werden. Eventuell eingestreute 50-Hz- oder sonstige Störspannungen auf die Meßleitungen sowie Leitungsunterbrechung oder fehlerhafte Kontakte lassen sich durch Kurzschließen des Eingangs der Meßleitung feststellen. Eine Möglichkeit der geringeren Meßkreisbelastung und zugleich des niederohmigeren Meßleitungseingangs bietet das schon mehrmals erwähnte Arbeiten mit Tastteiler.

Die evtl. Fehlerlokalisierung an EO-Geräten selbst erstreckt sich auf den Y-Meßverstärker, auf das Kippspannungsgerät mit evtl. X-Meßverstärker, das Niederspannungsnetzteil, das Hochspannungsnetzteil und alle sonstigen Stellglieder und speziellen Anschlüsse.

8. Schlußbetrachtung und Entwicklungstendenzen

Die Elektronenstrahl-Oszillografie hat sich in den letzten Jahren in der Naturwissenschaft und Technik einen festen Platz gesichert. Das gilt besonders für die BMSR-Technik. Es war im Rahmen dieses Bandes nicht möglich, auf alle Gebiete der Automatisierungstechnik einzugehen. In der Chemie z. B. wird der EO zur Anzeige chemischer Reaktionen eingesetzt. Besondere Bedeutung erlangte der Polarograf. Das Gerät besitzt eine tropfende Quecksilberelektrode und wird zur raschen Analyse kleiner Stoffmengen verwendet. Angezeigt wird eine spezielle Lissajousche Figur,

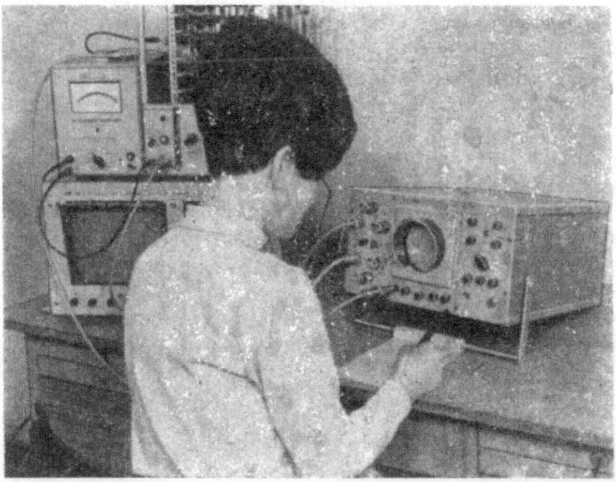

Bild 72. Spezieller Frequenzmeßplatz mit Zweikanal-Oszillograf OG2-23, NF-Spektrometer FSp-80 und NF-Röhrenvoltmeter QRV1 (Werkfoto: VEB Meßelektronik Berlin)

die von einer sinusförmigen Wechselspannung und einer von der chemischen Reaktion abhängigen und aus Gleich- und Wechselspannungsanteilen bestehenden Summe geschrieben wird [6]. Auf dem Gebiet der Elektro- und Raumakustik gibt es noch viele Anwendungsmöglichkeiten. Ähnliches gilt für die allgemeine Elektrotechnik, die Hochspannungstechnik, die Werkstoffprüfung sowie die Zeit- und Zeitenmessung in den verschiedensten wissenschaftlichen und technischen Disziplinen [6, 15]. Die prinzipiellen Erläuterungen und Darstellungen sowie die getroffene Auswahl an Beispielen sollen deshalb Anregungen für weitere Anwendungen geben.

In Zukunft gewinnt neben dem Einsatz von Universalgeräten die zweckgebundene Verwendung von EO-Einheiten immer mehr Interesse. Hinzu kommt noch die Zusammenstellung und Entwicklung kompletter EO-Prüf- und Meßsätze, z. B. für HF-, UHF-, Schwingungs-, Kurzzeit- und Geräuschmessung sowie für Studiotechnik, Flugsicherung, Werkstoffprüfung und medizinische Diagnostik. Die Meßplätze bedingen oftmals den Einsatz von raumsparenden und kombinationsfähigen Gestell- und Verbundgeräten (Bilder 22, 24, 36 und 55). Bild 72 zeigt z. B. einen speziellen Frequenzmeßplatz mit Zweikanal-Oszillograf, NF-Spektrometer und NF-Röhrenvoltmeter. Die Teiltransistorisierung des OG2-23 gestattet bereits eine sehr vorteilhafte Gerätegestaltung. Um zu noch kleinerer Gerätebauweise und geringerem Leistungsumsatz zu kommen, ist mit volltransistorisierten EO zu rechnen. Für diese sind Oszillografenröhren mit großer Ablenkempfindlichkeit erforderlich. Sie erleichtern die Batteriespeisung bzw. den wahlweisen Netz- oder Batteriebetrieb. Zunehmend werden Oszillografenröhren mit rechteckförmigem Bildschirm (z. B. Telefunken M28-10, D10-19, M17-11, D10-191 und Valvo D14-120GH) sowie mit beleuchteter Rasterfläche und schreibgeschwindigkeitsabhängiger Helligkeitseinstellung eingesetzt. Für besonders anschauliche Abbildungen ist mit dem Einsatz von Zweifarben-Oszillografenröhren zu rechnen. Eine solche von der Firma Sylvania angebotene Röhre hat nur ein Strahlsystem; der Leuchtschirm besteht jedoch nicht, wie bei den üblichen Farbfernsehröhren, aus verschiedenen Farbpunkten, sondern aus zwei übereinanderliegenden Farbschichten. Der Farbwechsel erfolgt durch Umschalten der Anodenspannung. Eine große Perspektive hat der Elektronenstrahl als Schnellstschreiber. Nach einem amerikanischen Verfahren werden zu registrierende Signale auf den Bildschirm geschrieben und von da auf Mikrofilm übertragen. Dadurch kann mit einer sekundlichen Zeichenzahl von 60 000, d. h. mit der Ausgabegeschwindigkeit eines Computers, gearbeitet werden. Es ist damit zu rechnen, daß ständig neue Anwendungen des Elektronstrahl-Oszillografen auf den verschiedensten Gebieten der Wissenschaft und Technik hinzukommen.

Literaturverzeichnis

Fachbücher

[1] *Czech, J.:* Oszillografenmeßtechnik. Berlin-Borsigwalde: Verlag für Radio-Foto-Kinotechnik 1963.

[2] *Czech, J.:* Der Elektronenstrahl-Oszillograf. Berlin-Borsigwalde: Verlag für Radio-Foto-Kinotechnik 1955.

[3] *Fricke, H.-W.:* Der Kathodenstrahloszillograph. Leipzig: Fachbuchverlag GmbH 1953.

[4] *Kautsch, R.:* Der Elektronenstrahl-Oszillograf und seine Anwendung in der Starkstromtechnik. Lehrwerk für das Ingenieur-Fernstudium. Zwickau: Zentralstelle für Fernstudium 1959.

[5] *Kautsch, R.:* Elektrische Meßtechnik zur Messung nichtelektrischer Größen. Berlin: VEB Verlag Technik 1967.

[6] *Klein, P.:* Elektronenstrahl-Sichtgeräte in Technik und Medizin. Berlin-Charlottenburg: Weidmannsche Verlagsbuchhandlung 1952.

[7] *Millner, R.:* Katodenstrahl-Oszillografie. Berlin: VEB Verlag Technik 1966.

[8] *Suhr, G.:* Verformung von Rechteckimpulsen. München: Institut für Film und Bild in Wissenschaft und Unterricht 1967.

Fachzeitschriften

[9] *Berger, M.:* Die Technik moderner Service-Oszillografen. Funk-Technik **23** (1968) H. 1, S. 29 bis 31 mit Fortsetzungen.

[10] *Höschel, H.:* Vergleichsrechteckspannung für Service-Oszillografen. radio und fernsehen **16** (1967) H. 15, S. 470 bis 472.

[11] *Kautsch, R.:* Spannungserzeugung mit *RC*-Gliedern für lineare oszillografische Ablenkung. radio und fernsehen **11** (1962) H. 9, S. 286 und 287.

[12] *Kautsch, R.:* Elektronenstrahl-Oszillografie im Unterricht. Berufsausbildung (1963) H. 5, S. 252 bis 254.

[13] *Langelüttich, E.:* Einführung in die Impulstechnik. Beilagen zur Funk-Technik H. 3/1957 bis H. 3/1958.

[14] *Richter, H.:* Impulsschaltungen unter der Lupe. Beilagen zur Funk-Technik H. 21/1961 bis H. 3/1962.

[15] *Rose, G.:* Der Oszillograf als Meßgerät. Beilagen zur Funk-Technik H. 22/1957 bis H. 4/1959.

[16] *Vogt, W.:* Elektromechanischer Sägezahngenerator. radio und fernsehen **16** (1967) H. 15, S. 472 bis 474.

[17] *Wagner, B.:* Das Speicher-Oszilloskop mit Sichtspeicherröhre — ein neues Prinzip der Bildspeicherung. messen steuern regeln **10** ap (1967) H. 10, S. 172 und 173.

[18] Unterlagen
der VEB Meßelektronik Berlin, Meßgerätewerk Zwönitz, Funkwerk Köpenick, Technisch-Physikalische Werkstätten Thalheim und Schwingungstechnik und Akustik Dresden sowie der Firmen Rohde & Schwarz, München, H. Maihak AG, Hamburg, Karl Deutsch, Wuppertal-Elberfeld, Wissenschaftlich Technische Werkstätten Rum/Österreich, Disa Elektronik, Herlev/Dänemark, Brüel & Kjaer, Naerum/Dänemark, ASEA/Schweden und Tektronix/USA

Hinweise auf die REIHE AUTOMATISIERUNGSTECHNIK werden mit RA und Band-Nr. gegeben.

Sachwörterverzeichnis

Ablenkempfindlichkeit 13 f.
Akustische Meßgrößen 81 f.
Amplitudengang 72

Bauelementprüfung 61
Baugruppenprüfung 62, 64
Bildhelligkeit 10
Bildnachleuchtung 16, 17
Bildschärfe 10
Bildspeicherung 16

Differenzverstärker 42
Doppelimpulsgenerator 40
Drehzahlmessung 59
Elektronenstrahlröhre 8 f.
Elektronischer Schalter 38

Fehlersuche 85
Ferrograf 36
Fotoeinrichtung 44
Frequenzanalyse 52 f., 55
Frequenzgang 71
Frequenzkennlinien 71, 73, 76
Frequenzmessung 50, 52, 72, 76, 87
Frequenzmodulierter Sender 42

Gewichtsfunktion 69, 71, 75
Grenzfrequenz 23 f., 73
Grundmessungen 45

HF-Oszillograf 30
Höhenverschiebung 28
Horizontalplatten (X-Platten) 10 f., 18
Hysteresischleife 49

Impulsoszillograf 19, 30
Impulsuntersuchung 54, 56, 86
Indikatordiagramm 37, 80
Induktivitätsmessung 49

Kapazitätsmessung 49
Kennlinienaufnahme 60
Kippspannung (-frequenz) 18, 20, 25f.
Kreiszeichnerschaltung 53 f.
Kurvenformuntersuchung 51, 53

Leistungsmessung 53

Lichtelektrische Meßgrößen 83
Linse 10
Lissajousche Figur 37, 45 ff., 59

Mechanische Meßgrößen 76
Mehrstrahloszillograf 31, 33
Meßbildgeber 41
Meßmarkengeber 41
Meßverstärker 23, 31

Nachbeschleunigungsröhre 15, 22
Nachbeschleunigungsumformer 22
Netzteil 21
NF-Oszillograf 29

Oszillografenröhre 8 f.
Ortskurve 71, 75 f.

Pegelmessung 72, 82
Phasengang 72
Phasenwinkelmessung 24, 46, 50, 72 f.
Polarkoordinaten 75
Projektionseinrichtung 44

Rechenelektronik 84
Rechteckimpuls 53, 55, 68
Rechteckwellengenerator 40

Schaltvorgang 64
Schirmauslenkung 13
Seitenverschiebung 28
Selektograf 36, 43
Serviceoszillograf 34 f.
Sichtspeicherröhre 16
Signalverfolgung 85
Spannungsmessung 48
Speicheroszillograf 17, 33 f.
Spektrograf 52, 72, 81, 87
Spektrogramm 53, 72, 74, 81 f.
Spezialoszillograf 35
Spezialverstärker 42
Sprungantwort 69 f.
Stoßantwort 71
Strahlablenkung 11 ff., 19
Strahlmodulation 14
Strahlnachbeschleunigung 15
Strommessung 48

Trapezfehler 28
Triggerung 17, 20

Übergangsfunktion 69 ff., 75

Verstärkerprüfung 63 f.
Vertikalplatten (Y-Platten) 10, 28
Verzögerungsgenerator 40

Wehneltzylinder 10, 15
Werkstoffprüfung 63
Widerstandsmessung 49
Wobbler 42, 76

Y-Modulation 39

Zeitbasis 17
Zeitdehnung 17, 19, 40
Zeitmarken 14, 39
Zeitmarkengenerator 39
Zeitmaßstab 19, 21, 26
Zeitmessung 50
Z-Modulation 15
Zusatzgeräte 38
Zweistrahloszillograf 22, 31 f., 87

REIHE AUTOMATISIERUNGSTECHNIK

RA 51 *Bode:* Lochkartentechnik
RA 52 *Paulin:* Kleines Lexikon der Rechentechnik und Datenverarbeitung
RA 53 *Greif:* Meßwert-Registriertechnik
RA 54 *Jeschke:* Kleines Lexikon der Betriebsmeßtechnik
RA 55 *Töpfer* u. a.: Pneumatische Bausteinsysteme der Digitaltechnik
RA 56 *Weller:* Regelung von Dampferzeugern
RA 57 *Mütze:* Numerisch gesteuerte Werkzeugmaschinen
RA 58 *Heimann:* Radionuklide in der Automatisierungstechnik
RA 59 *Fuchs/Weller:* Mehrfachregelungen
RA 60 *Queisser:* Instandhaltung von Automatisierungsanlagen
RA 61 *Peschel:* Einführung in die statistischen Methoden
RA 62 *Töpfer* u. a.: Pneumatische Steuerungen
RA 63 *Kochan/Strempel:* Programmgesteuerte Werkzeugmaschinen und ihr Einsatz
RA 64 *Brenk/Eichner:* Integrierte Datenverarbeitung
RA 65 *Gensel:* Zerstörungsfreie Prüfverfahren
RA 66 *Worgitzki:* Elektrisch-analoge Bausteine der Antriebstechnik
RA 67 *Kerner:* Praxis der ALGOL-Programmierung
RA 68 *Pankalla:* Aufbau und Einsatz von Prozeßrechenanlagen
RA 69 *Timpe:* Ingenieurpsychologie und Automatisierung
RA 70 *Böhme:* Periphere Geräte der digitalen Datenverarbeitung
RA 71 *Dutschke/Grebenstein:* BMSR-Einrichtungen in explosionsgefährdeten Betriebsstätten
RA 72 *Müller:* Automatisierungsanlagen
RA 73 *Paulin:* FORTRAN — Kodierung von Formeln
RA 74 *Paulin:* FORTRAN — Datenbeschreibung und Unterprogrammtechnik
RA 75 *Gottschalk:* Darstellungen und Symbole der Automatisierungstechnik
RA 76 *Hart:* Kontinuierliche Flüssigkeitsdichtemessung
RA 77 *Börnigen:* Elektronische Datenverarbeitungsanlage Robotron 300
RA 78 *Krebs:* Rechner in industriellen Prozessen
RA 79 *Böhme/Born:* Programmierung von Prozeßrechnern
RA 80 *Lemgo/Tschirschwitz:* Programmierung des Robotron 300 — Zentraleinheit
RA 81 *Lemgo/Tschirschwitz:* Programmierung des Robotron 300 — Peripherie
RA 82 *Mikutta:* Bauelemente der Industriepneumatik
RA 83 *Dörband* u. a.: Praxis der FORTRAN-Programmierung — Grundstufe
RA 84 *Dörband* u. a.: Praxis der FORTRAN-Programmierung — Oberstufe
RA 85 *Kautsch:* Elektronenstrahl-Oszillografie
RA 86 *Bürger/Leonhardt:* Lochbandtechnik
RA 87 *Trognitz/Wegner:* Arbeitsgestaltung
RA 88 *Kadow/Kerner:* Programmieranweisung ZRA 1
RA 89 *Eube/Illge:* Stellventile
RA 90 *Woschni:* Meßfehler bei dynamischen Messungen und Auswertung von Meßergebnissen
RA 91 *Biener/Suschke:* MEDA-Programmierung
RA 92 *Wahl:* Grundlagen der Elektronik

GPSR Compliance

The European Union's (EU) General Product Safety Regulation (GPSR) is a set of rules that requires consumer products to be safe and our obligations to ensure this.

If you have any concerns about our products, you can contact us on ProductSafety@springernature.com

In case Publisher is established outside the EU, the EU authorized representative is:

Springer Nature Customer Service Center GmbH
Europaplatz 3
69115 Heidelberg, Germany

Batch number: 10577919

Printed by Printforce, the Netherlands